コウモリ目

キクガシラコウモリ

ドール

サル目

ニシゴリラ

クマ科

ニホンツキノワグマ

ゾウ目

アフリカゾウ

イタチ科

ニホンアナグマ

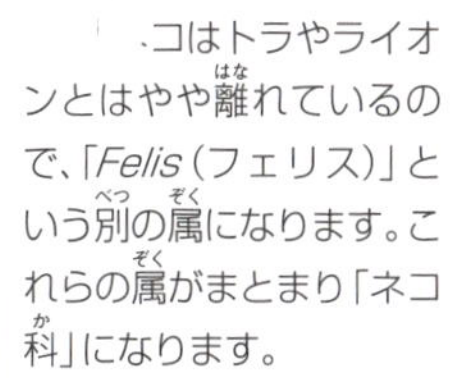

まとめて科

コはトラやライオンとはやや離れているので、「*Felis*（フェリス）」という別の属になります。これらの属がまとまり「ネコ科」になります。

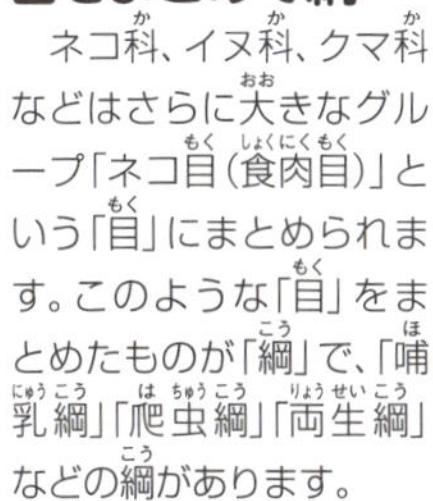

科をまとめて目、目をまとめて綱

ネコ科、イヌ科、クマ科などはさらに大きなグループ「ネコ目（食肉目）」という「目」にまとめられます。このような「目」をまとめたものが「綱」で、「哺乳綱」「爬虫綱」「両生綱」などの綱があります。

ネコ目　ネコ科　

ネズミ目

ニホンリス

マングース科

コビトマングース

ウシ目

アジアスイギュウ

アライグマ科

アライグマ

学名からわかるなかま

トラは、ライオンと属が同じなので近いなかま。イエネコは属がちがうので少しはなれたなかまだということがわかります。

トラ *Panthera tigris*

ライオン *Panthera leo*

イエネコ *Felis catus*

クジラ偶蹄目のあつかいについて

最近、クジラ目と偶蹄目（ウシ目）のカバが近い関係にあるらしいということから、ふたつをまとめた「クジラ偶蹄目」という目を分類に使うことがあります。ただこの説はまだ「仮説」といえる段階なので、この図鑑では旧来通りの目名を使用しています。

※2　無脊椎動物は、「節足動物門（昆虫など）」や「軟体動物門（イカ、貝など）」などをふくむ総称です。

■監修

今泉忠明
動物科学研究所所長

■写真

アージ研究会(沖縄のネズミ保全研究会)、アニマルボイス社、
アフロ、アマナイメージズ、猪飼晃、猪飼和子、稲垣博司、
井上麻子、井上孝、今泉忠明、オアシス、小沢正朗、
ゲッティイメージズ、小宮輝之、ジャパンワイルドライフセンター、
田口孝充、田口精男、田原義太慶、ネイチャープロダクション、
PPS通信社/山田智基、PIXTA、藤田 宏之、藤原尚太郎、
村井仁志、与古田松市、吉岡由恵、
公益財団法人 横浜市緑の協会 よこはま動物園ズーラシア

■イラスト

浅井粂男、小堀文彦、中倉眞理

■撮影・取材協力

公益財団法人 横浜市緑の協会 よこはま動物園ズーラシア

■装丁・デザイン

フロッグキングスタジオ(近藤琢斗、石黒美和、青木 寛)

■編集協力

田口精男、藤原尚太郎

■映像

今泉忠明、田口精男、藤原尚太郎、学研教育ICT、
公益財団法人 横浜市緑の協会 よこはま動物園ズーラシア

■制作協力

学研教育ICT、シグレゴコチ(田辺弘樹)

■企画・編集

百瀬勝也

学研の図鑑 LIVE POCKET
ライブ
ポケット
動物
どうぶつ

もくじ

表紙写真：トラ　裏表紙写真：レッサーパンダ
背表紙写真：ライオン　総扉写真：アフリカゾウ

オオカンガルー

ピューマ

この図鑑の見方と使い方

この図鑑には、世界と日本にすむ動物（哺乳類・爬虫類・両生類）を約600種掲載しています。また、スマートフォンで動物の生態などの動画を見ることができます。

ページの見方

特徴

体の特徴などを線で引き出して説明しています。

LIVE 発見!　発見

知っておくと楽しい観察のポイントなどを紹介しています。

豆ちしき　豆知識

知って得するおもしろ情報などを紹介しています。

データの見方

種名　種名は標準的なよび方、（　）内はよく使われる別名です。

分類　動物をすんでいる地域ごとに分け、さらに目・科に分けています。

♠体の大きさ	「全長」は頭の先から尾の先までの長さ、「体長」は頭の先から尾のつけねまでの長さ、「尾長」は尾の長さ、「甲長」は甲羅の長さ、「体高」は動物が立ったとき、地面から肩までの高さです。

◆体重	体の重さを表しています。
♣分布	すんでいる場所を表しています。種によっては、分布図を入れています。
★解説	種の特徴や生態が書かれています。

スマートフォンで動画が見られます

1　**動画再生アプリ「ARAPPLI（アラプリ）」（無料）をダウンロードします。**

「Google Play（Play ストア）」・「App Store」で「ARAPPLI」を検索し、ダウンロードしてください。

※Android™ OS4.0未満の端末では検索にかかりません。ご注意ください。

AR ARAPPLI

▲これがARAPPLIのアイコンです。

2　**「ARAPPLI」を起動し、スマートフォンを右ページのトラの画像にかざすと、見られる動画のリストが出てきます。**

スマートフォンで動画を見よう！

スマートフォンに「ARAPPLI」をダウンロードしたら、
さっそく動画を見てみましょう。

1. このページ中央のトラの画像が画面に入るように、スマートフォンをかざします。
2. カタログボタンをタッチします。
3. 画面に見られる動画のリストが出ます。
4. 見たい動画のタイトルをタッチします。
5. 動画が再生されます。

再生後、リストのページは自動的に「コレクション」に追加されます。「コレクション」からは、スマートフォンを画像にかざすことなく動画を再生できます。

↑この画像にスマートフォンをかざしてください。

この図鑑で見られる動画

1. 木の葉を食べるクロサイ
2. ライオンのたてがみ
3. トラのマーキング
4. ゾウの鼻の使い方
5. キリンの反すう
6. サイのどろあび
7. サル山のニホンザル
8. カリフォルニアアシカの体
9. チーターの鳴き声
10. 巣あなで見はるミーアキャット
11. 木の葉を食べるオカピ
12. 子どもに乳を飲ませるシマウマ
13. ほえるフクロテナガザル
14. 水に入るカピバラ
15. カンガルーのけんか
16. 樹洞に来たツキノワグマとテン

※関連するところには AR がついています。

※スマートフォンアプリ「ARAPPLI（アラプリ）」の OS 対応は iOS：13 以上 Android™7 以上となります。非推奨 OS につきましても動作する場合がありますが、推奨しておりません。※タブレット端末動作保証外です。※ Android™ 端末では、お客様のスマートフォンでの他のアプリの利用状況、メモリーの利用状況等によりアプリが正常に作動しない場合がございます。また、アプリのバージョンアップにより、仕様が変更になる場合があります。詳しい解決法は、https://www.arappli.com/faq をご覧下さい。※ Android™ は Google Inc. の商標です。　※ iPhone® は、Apple Inc. の商標です。※ iPhone® 商標は、アイホン株式会社のライセンスに基づき使用されています。※記載されている会社名及び商品名 / サービス名は、各社の商標または登録商標です。

動物園に行こう！

動物の生きているすがたを見るなら、動物園に行くのがいちばん！ここでは、動物園に行くのが楽しくなる7つのポイントをしょうかいします。

ポイント1

案内パンフをもらおう

どこの動物園にも案内のパンフレットがおいてあります。パンフレットは入り口の近くにおいてあるはずなので、わすれずにもらっておきましょう。

ポイント2

地図を見て計画を立てよう

かぎられた時間ですべての動物をくわしく見ていくのは大変です。何と何をじっくり見たいのか、それにはどのルートがいいのか、まず地図をよく見て計画を立てましょう。

広い園内でどこにいるのかわからなくなったら、パンフレットや看板の地図で現在地を確認しましょう。

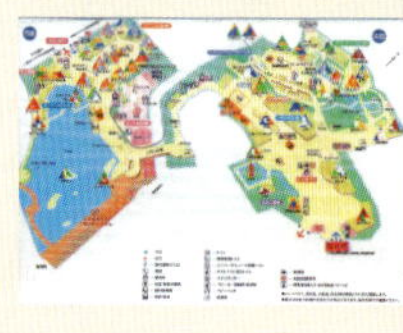

豆ちしき　園内にある看板の地図には、かならず「現在地」が書かれています。

ポイント3 園内の乗り物を利用しよう

園内をモノレールやバスが走っている動物園も多くあります。ほとんどが有料ですが、かぎられた時間でできるだけ多くの動物を見たいときにはとても便利です。

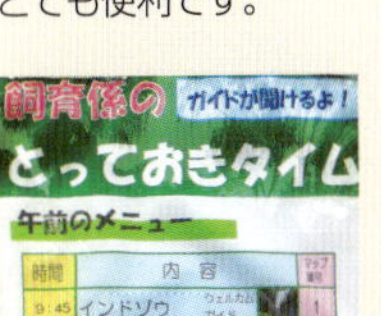

ポイント4 いろいろなサービスを利用しよう

いろいろなテーマにそってガイドが案内してくれたり、貸し出されている器具で解説が聞けたり、飼育係が解説してくれたりするサービスもあります。

豆ちしき サービスの内容は動物園によってちがいます。「案内」で聞いてみましょう。

ポイント5 食事タイムを見のがすな

動物園では、決まった時間に動物たちにえさをあたえます。この時間に見学すれば、動物たちがどんなものを食べているのか、どれくらいの量をどうやって食べるのかがわかります。飼育員のくわしい解説もありますので「食事タイム」の時間をあらかじめチェックしておきましょう。

毎週土曜日
13:30～
台所見学ツアー
定員20名　事前申込制
申込用紙は、正門入ってすぐ！
動物園の裏側、台所を見に行こう！

草を食べるクロサイ

一日の食事例

AR 1

アジアゾウ
ほし草（2種類）25kg・青草 40kg
稲わら 6kg・ニンジン 7kg・リンゴ 7kg　ほか

クロサイ
ほし草（2種類）10kg・青草 4kg
ヘイキューブ（ほし草を固めたもの）5kg　ほか

チンパンジー
リンゴ 500g・むしたニンジン 400g
バナナ 300g・むしたサツマイモ 1200g　ほか

トラ
骨つき肉 0.55kg
生肉（馬肉、鶏頭など）3.5kg

※上の AR 1 マークは、関連する動画があることを表しています。

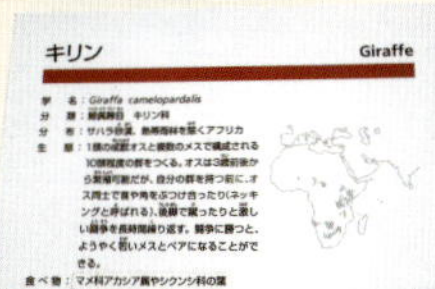

ポイント6 動物解説の看板をチェックしよう

動物のさくやおりの前には、かならずその動物の名前や特徴などが書かれた看板がかけられています。解説を読んでから動物を観察すると理解が深まります。

ポイント7 あると便利な双眼鏡とデジタルカメラ

動物園のさくから動物までの距離は意外と遠いものです。そんなとき双眼鏡があると、動物の歯やひづめなどの形もはっきりわかります。

また、デジタルカメラがあれば動物だけでなく、解説の看板などもとっておきましょう。最近のデジタルカメラは動画（ムービー）もとれるものがほとんどなので、動物の動きや鳴き声などの動画もとっておくとよいでしょう。

※動画の見方は、4〜5ページを参照して下さい。

動物園、水族館の動物・観察ポイント

ライオン

「百獣の王」とよばれるライオンは、動物園でも人気のある動物です。なんといっても目立つのは、りっぱな「たてがみ」です。

AR ②

ポイント1

たてがみ

たてがみは、おとなのおすだけにあります。相手に自分を大きく見せたり、けんかのときなど、相手の攻撃から首回り（急所）を守るのに役立ちます。

ポイント2

イエネコとくらべて観察してみよう

ライオンはネコのなかまなので、にているところがたくさんあります。

ライオンの歯

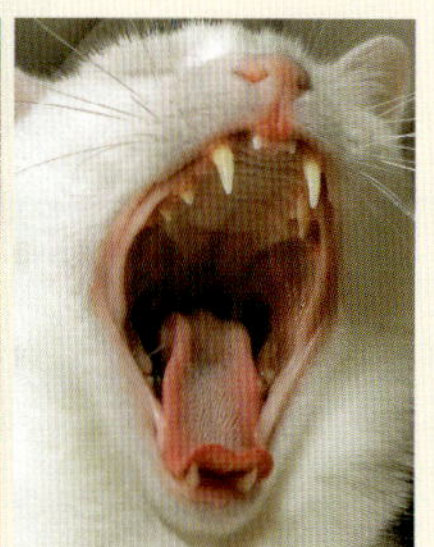

イエネコの歯

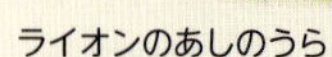

ライオンのあしのうら

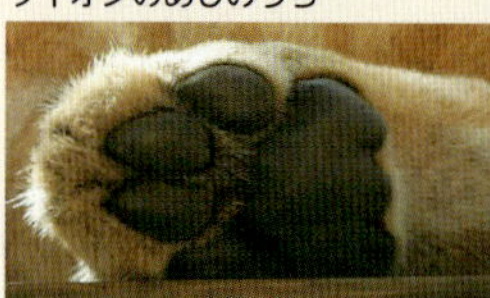

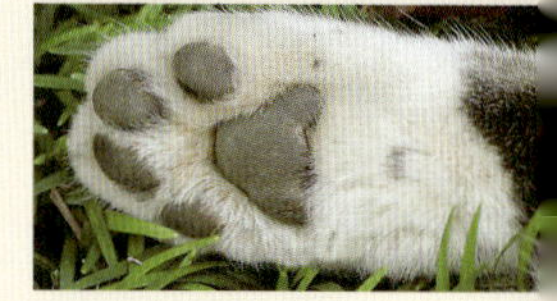

イエネコのあしのうら

豆ちしき　ライオンは「ニャー」と鳴くことはなく「ウォッ、ウォッ」とほえます。

ポイント3 木にものぼれる

ライオンは、ネコのなかまなので木にものぼれます。ただし、ひんぱんにのぼることはありません。

ポイント4 尾の先の黒いふさに注目

尾の先が熱い地面にふれるのを守ります。動かして子どもを遊ばせたりもします。

ポイント5 ライオンとイエネコでちがうひとみの形

ライオンのひとみ

イエネコのひとみ

明るいところでは、ライオンやトラのひとみは丸いまま小さくなります。イエネコのひとみは明るいとたてに細くなります。

豆ちしき 尾の先にふさがあるのは、ネコのなかまではライオンだけです。

動物園、水族館の動物・観察ポイント

トラ

黄色と黒のしまもようが目立ちます。林の中などでは、このしまのおかげでかえって目立たず、えものに近づくことができます。

ポイント1 ひげ

長いひげはびんかんで、森の木や草の間をくぐりぬけるときに役立ちます。

ポイント4 つめ

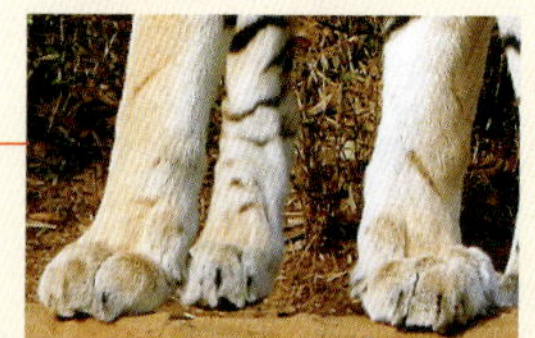

大きくするどいつめは、ふだんはしまわれています。

ポイント2 するどいきば

えものをたおすためのするどいきばがあり、舌はざらざらです。

ポイント3 耳の後ろの白いはんもん

「虎耳状斑」とよばれ、なかまや親子との合図に使われます。

豆ちしき トラは、現存する標本ではネコのなかま（ネコ目）で最大の動物です。

ポイント5
トラもイエネコもつめとぎ

トラ　　イエネコ

前あしのつめは、大切な武器です。古いつめをはがしたり、マーキングのためにつめとぎをします。

ポイント6
腹にもしまもよう

しまもようは、腹にもあります。

ポイント7　AR ③
おしっことふん

朝、飼育部屋から外へ出てくるとき、おしっこをあちこちにふりまくことがあります。これを「マーキング」といい、自分のなわばりをしめすためのものです。ふんは、長細い形をしています。

豆ちしき　ライオンは集団で狩りをしますが、トラは一頭で狩りをします。

動物園、水族館の動物・観察ポイント

ゾウ（アジアゾウ）

動物園の人気者は、なんといってもゾウ。大きな体、長い鼻、大きな耳が特徴です。

ゾウのなかまにはアジアゾウとアフリカゾウがいて、いろいろなところにちがいがあります。

ポイント1 ゾウの鼻は「手」

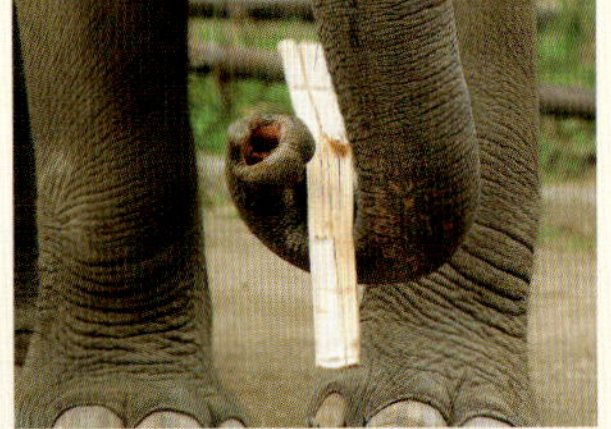

大きなえさは、鼻でまいて口に運びます。

小さなえさは、鼻先でつまんで口に運びます。

ポイント3 耳の形

アジアゾウの耳は四角形です。

ポイント2 アジアゾウとアフリカゾウとのちがいを観察

背中と耳の形

ひたいの形

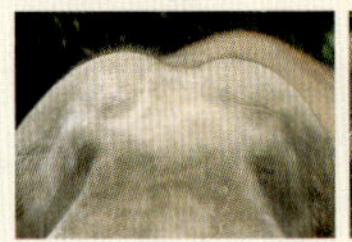

アジアゾウ

アフリカゾウ

アジアゾウの背中は丸くなっていますが、アフリカゾウの背中はくぼんでいます。耳の形もアフリカゾウは大きく、三角形です。また、正面から見たひたいの形もちがいます。

豆ちしき　ゾウにはきばがありますが、アジアゾウのめすにはきばのないものもいます。

ポイント4 背中

アジアゾウの背中は、アフリカゾウとくらべると丸くなっています。

ポイント5 尾の先のふさ

虫を追いはらったりするのに役立ちます。

鼻先の形

アジアゾウ

アジアゾウはとっきが上にひとつ、アフリカゾウはとっきがふたつあります。

ひづめの数

アジアゾウ

アジアゾウは前5つ、後ろ4つ、アフリカゾウは前4つ、後ろ3つのひづめがあります。

ポイント6 ふん

ふんは1この重さが1kg～2kgもあり、1日に100kgものふんをします。

豆ちしき ゾウの大きな耳は、熱をにがす「放熱板」の役目もしています。

キリン

キリンは、最も背の高い動物です。体のもようもはでで目立つので、人気があります。

ポイント1 首

AR 5

キリンは、ウシなどと同じように「反すう（一度食べたものを口にもどしてかみなおす）」をします。キリンは首が長いので、食べたものが食道を通って、口にもどるようすがわかりやすいです。食事タイムのあとをねらって、観察してみましょう。

ポイント2 ひづめ

キリンはウシやシカなどと同じなかまですが、ひづめは２つです。

豆ちしき キリンは首がとても長いのですが、首の骨の数は人間と同じ7つです。

ポイント3 角

キリンには、角が3本〜5本あります。

ポイント4 舌

キリンの舌は 30 〜 40cm もあります。長い舌で木の葉などを巻きとるようにして食べます。

ポイント5 すわりかた

正座するように座ります。子どものころは座ったまま、おとなは立ったままねます。

ポイント6 歩きかた

「側対歩」といい、右前あしと右後ろあし、左前あしと左後ろあしがいっしょに動きます。

ポイント7 食べ物、ふんもチェック

野生のキリンは、アカシアの葉などを食べます。動物園ではヘイキューブ（干し草などを固めたもの）や、わらがえさです。ふんは、小さくて丸いです。

ヘイキューブ

わら

ふん

豆ちしき　キリンはめったに鳴きませんが、子どもは「メェ〜」、おとなは「モォ〜」と鳴きます。

サイ（クロサイ）

サイは、大きな角とよろいのような体が特徴です。動物園にいるのはおもにシロサイとクロサイですが、口の形が見分けるポイントです。

ポイント1 2本角と1本角

シロサイ

インドサイ

サイの角は毛がかたまったようなもので、中に骨はありません。クロサイ、シロサイ、スマトラサイは2本角、インドサイ、ジャワサイは1本角です。

ポイント2 クロサイとシロサイは口の形で見分ける

クロサイ

シロサイ

木の葉や枝などを食べるクロサイの口の先は、とがっています。地面の草を食べるシロサイの口は、平らになっています。

豆ちしき サイは、カバとならんでゾウにつぐ大型の陸上動物です。

ポイント3 ぬた場でどろあび

AR 6

ぬた場とは、体についた寄生虫などを落とすためにどろをあびる場所のことです。暑い日にはぬた場でごろごろするサイが見られるかもしれません。どろをあびるのは体温を下げる役にも立っています。

ポイント4 あしの指の数

クロサイのあし

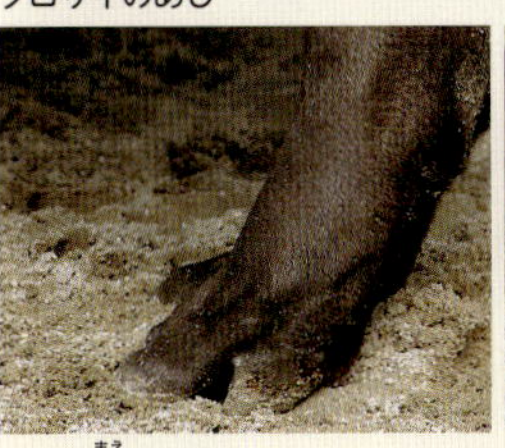

バクの前あし

シマウマの前あし

サイは、ウマやバクと同じ奇蹄類（ウマ目）の動物です。指の数はウマが１本、サイが３本、バクは前が３本、後ろが４本です。どの種類も中心部の指が大きくなっていて体をささえ、指の先には「ひづめ」があります。

豆ちしき　サイはあまり鳴きませんが、たまに「ミーッ」と鳴くことがあります。

動物園、水族館の動物・観察ポイント

ニホンザル（サル山）

ニホンザルは、日本のほとんどの動物園で飼われています。おりではなく、サル山で飼育しているところも多いので、いろいろな行動を観察してみましょう。

ポイント1

ボスザルをさがそう

AR 7

群れのボスは、体が大きくて顔としりが赤いので目立ちます。尾を立てて歩き回っていることも多いです。

ポイント2

親子をさがそう

子どもは、生まれて3か月ほどは母親の腹につかまって、その後は母親のこしに乗って移動します。

豆ちしき　ボスザルは、野生のサルの群れにはいません。

ポイント3 毛づくろい(グルーミング)の観察

毛づくろいをするサルもいます。グルーミングといい、ストレスをはっさんしたり、なかまどうしのつながりを強めるのにも役立っています。

ポイント4 指を観察しよう

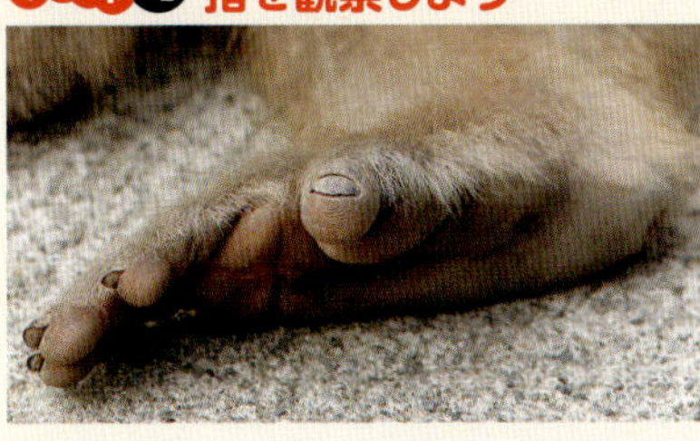

つめは平づめで、指先にはしもんがあります。親指がほかの4本の指と向かい合わせについているので、ものをつかむのに便利です。

豆ちしき ニホンザルのめすは、春から夏にかけて子どもを産みます。

動物園、水族館の動物・観察ポイント

カリフォルニアアシカ

動物園のほかに、水族館でも動物（海のほ乳類）が飼育されています。なかでもカリフォルニアアシカは多くの水族館で飼われていて、かんたんな「芸」もできるので人気があります。

豆ちしき アシカは、「アォッアオッ」と鳴きます。

ポイント1 ひげと歯

ひげで魚による水の動きがわかります。とらえた魚をはなさない、するどい歯があります。

ポイント2 ひれ

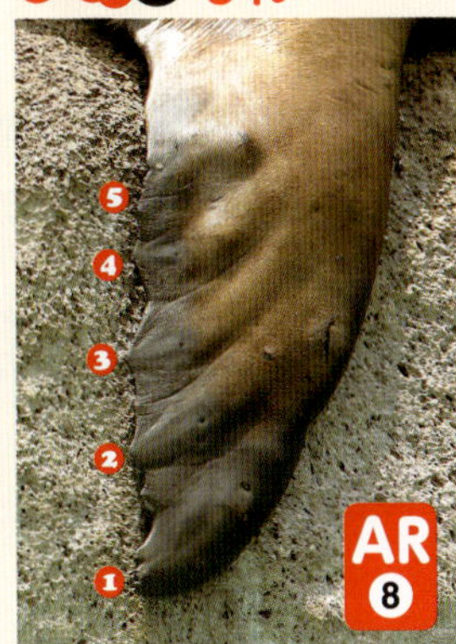

前あし

ひれには、前後ろとも5本の指があります。

ポイント3 にているようでちがうアシカとアザラシ

カリフォルニアアシカ
耳（耳介）があるのがわかります。

ゼニガタアザラシ
耳のあながあるだけです。

ゴマフアザラシ

アザラシは、前あしはほとんど使わず、体をくねらせるようにして移動するだけで、歩くのはにがてです。

カリフォルニアアシカ

アシカは、前あしと後ろあしで体をささえ、前あしを交互に動かして歩くことができます。

豆ちしき オットセイやオタリアもアシカのなかまです。

アフリカの動物

アフリカはおもに気温と雨量によって森林、草原（サバンナ）、砂漠に分かれています。熱帯雨林にはサルのなかまがはんえいしており、多くの種がすみ分けています。サバンナには植物を主食とするキリン、シマウマ、アフリカゾウなどのほか、その草食動物を食べるライオンなどの肉食動物がすんでいます。砂漠には、フェネックギツネなど少数が生活しています。

アフリカスイギュウをおそうライオンのめす

ネコのなかま（ネコ目）

♠体の大きさ ◆体重 ♣分布 ★解説

ライオン ネコ科

♠体長140～250cm 尾長70～105cm ◆120～250kg

♣アフリカ、インド

★「百獣の王」といわれる、ネコ科の代表的動物です。

豆ちしき ネコのなかまには、ネコ、イヌ、クマ、イタチなどのなかまがふくまれます。

ヒョウ ネコ科

♠体長91～191cm 尾長58～110cm ◆28～90kg ♣アフリカ、アジア南部・東部 ★林や岩場にすみます。体がしなやかで、ジャンプや木のぼりが得意です。

LIVE 発見!

クロヒョウの体は黒いですが、ヒョウと同じもようがあります。

ヒョウの分布

チーター ネコ科

AR 9

♠体長112～150cm 尾長67～94cm ◆21～72kg ♣アフリカ～アジア南西部（イラン北部） ★時速110kmで走れる、陸上でいちばん速い動物です。

チーターの分布

豆ちしき クロヒョウは、ヒョウの黒変種で同じ種です。

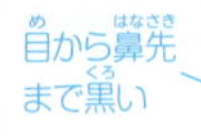

イヌのなかまのあしの指は、前あしが5本、後ろあしが4本ですが、リカオンは前あしも後ろあしも4本です。

リカオン イヌ科

♠体長76～112cm 尾長30～41cm ◆17～36kg ♣アフリカ中部・東部・南部（森林をのぞく）★群れで生活し、狩りも群れで行います。

アビシニアジャッカル イヌ科

♠体長84～100cm 尾長27～40cm ◆11～19kg ♣アフリカ（エチオピア）★エチオピアの標高3000～4000mの森や草地にすんでいます。

とがった耳

背中は黒い

セグロジャッカル イヌ科

♠体長45～90cm 尾長26～40cm ◆6～13.5kg ♣アフリカ東部・南部 ★サバンナにすんでいて、夜行性です。子どもは両親が協力して育てます。

フェネックギツネ

イヌ科 ♠体長35～41cm 尾長17～31cm ◆1～1.5kg ♣アフリカ北部 ★砂漠にあなを掘ってすんでいます。大きい耳で、わずかな音でも聞き分けられます。

フェネックギツネの分布

ラーテル イタチ科

♠体長66～75cm 尾長18～25cm ◆8～16kg ♣アフリカ（サハラ以南）、アジア（アラビア半島～ヒマラヤ南部のインド） ★鳥のミツオシエと協力してハチの巣を見つけ出し、こわして食べます。

ラーテルの分布

ゾリラ イタチ科

♠体長28～39cm 尾長22～31cm ◆420～1400g ♣アフリカのサハラ砂漠以南（ギニア～コンゴ民主共和国にかけての地域をのぞく） ★敵にあうとおしりから敵の顔に向けて液をふきつけ、死んだふりをします。

豆ちしき フェネックの大きな耳は、熱をにがす放熱板の役目もします。

ツメナシカワウソ イタチ科

♠体長72〜92cm 尾長40〜57cm ◆16〜20kg ♣アフリカ（サハラ南部〜ケープまで）★魚やエビ、カニなどを食べます。つめが小さいか、一部の指にしかついていません。

つめは、小さいかついていない

ジェネットの分布

ジェネット ジャコウネコ科

♠体長40〜58cm 尾長40〜51cm ◆1〜2kg ♣アフリカ、ヨーロッパ西部、アジア西南部 ★森林や草原にすみ、夜に活動してネズミや小鳥、昆虫などをつかまえます。

オオブチジェネット ジャコウネコ科

♠体長40〜55cm 尾長40〜55cm ◆1.2〜3.1kg ♣アフリカ南部（南アフリカ、レソト）★森林のふちや湿ったサバンナなどで見られます。ネズミなど小型の哺乳類や鳥、昆虫、果実などを食べます。

アフリカジャコウネコ

ジャコウネコ科 ♠体長80～95cm 尾長40～53cm ♦9～20kg ♣アフリカ（サハラより北、ソマリア。南アフリカ南部をのぞく） ★ジャコウネコのなかまでは最も大型です。

エジプトマングースの分布

エジプトマングース マングース科

♠体長45～60cm 尾長35～38cm ♦1.9～4kg ♣アフリカ、西アジア、南ヨーロッパ ★日中行動し、夜は自分で掘ったあなや木のほらなどでねむります。

あし先が黒い

シママングース マングース科

♠体長30～45cm 尾長20～30cm ♦600～1500g ♣アフリカ（サハラより南。コンゴと南西アフリカをのぞく） ★家族やなかまと6～20頭の群れをつくって生活します。

コビトマングース マングース科

♠体長18～28cm 尾長14～19cm ♦210～350g ♣アフリカ東部～中南部 ★乾燥地帯に群れで生活していて、日中活動します。昆虫、サソリ、トカゲなどを食べます。

豆ちしき ジャコウネコのなかまの多くはこう門近くに臭腺があります。

ミーアキャット マングース科 ♠体長25〜31cm 尾長17.5〜25cm ◆620〜970g ♣アフリカ南部 ★おもに昼間活動し、まっすぐに立ち上がって日光浴をします。

AR 10

LIVE 発見!

ミーアキャットの前あしには、巣あなを掘るためのするどいつめがあります。

大きな目

短い毛

フォッサ マダガスカルマングース科
♠体長60〜75cm 尾長55〜70cm ◆7〜12kg ♣アフリカ（マダガスカル） ★マダガスカルでいちばん大きな肉食動物です。

シマハイエナ ハイエナ科

♠体長103～120cm 尾長26～47cm ◆25～55kg ♣アフリカ（東部・北部）、アジア（中東～インド）★死肉をあさり、じょうぶなあごと歯で、ほかの動物が食べ残した骨もかみくだきます。

シマハイエナの分布

ブチハイエナ ハイエナ科

♠体長95～166cm 尾長25～36cm ◆40～86kg ♣アフリカ（赤道付近の熱帯雨林をのぞく、サハラより南）★死肉をあさりますが、群れをなしてヌーやレイヨウをおそうこともあります。

アードウルフ ハイエナ科

♠体長55～80cm 尾長20～30cm ◆9～14kg ♣アフリカ北東部（タンザニア～スーダン）と南部（アンゴラ、ザンビア、南アフリカ）★おもに夜に行動します。あごの力が弱くて歯も小さいです。昆虫、シロアリなどを食べます。

カッショクハイエナ

ハイエナ科 ♠体長110～136cm 尾長18～27cm ◆37～48kg ♣アフリカ南部 ★砂漠やサバンナにすみ、動物の死がいなどを食べます。

豆ちしき ハイエナのつめは、ネコとちがいいつも出ています。

ウシのなかま（ウシ目）

♠体の大きさ ◆体重 ♣分布 ★解説

アフリカスイギュウ ウシ科

♠体長210〜340cm 体高100〜170cm ◆300〜900kg ♣アフリカ ★アフリカの草原に群れをつくり、草、木の葉を食べます。角はおす、めすどちらにもあります。

イランド ウシ科

♠体長210〜345cm 体高130〜180cm ◆300〜1000kg ♣アフリカ（エチオピア、コンゴ民主共和国南部などの平原） ★草原に群れで生活しています。角はおす、めすどちらにもあります。

ブッシュバック ウシ科

♠体長105〜150cm 体高65〜100cm ◆24〜77kg ♣アフリカ ★おすだけに角があります。おとなのおすは気があらく、ヒョウともたたかいます。

豆ちしき ウシのなかまには、ウシ、シカ、キリン、カバなどのなかまがふくまれます。

クーズー ウシ科 ♠体長195〜245cm 体高100〜150cm ◆180〜315kg ♣アフリカ東部・南部 ★明るい林ややぶ地に4〜5頭の小さな群れで生活します。角はふつうおすだけにあり、ねじれて2回転し、長さは回転にそって130cmにもなります。

ニアラ ウシ科
♠体長135〜195cm 体高80〜121cm
◆55〜127kg ♣アフリカ南東部
★雨の少ない砂地の平原にすんでいます。角はおすだけにあります。

シタツンガ
ウシ科 ♠体長115〜170cm 体高75〜125cm ◆40〜120kg
♣アフリカ中部
★アシなどのしげった沼地にすみ、草や水辺の植物を食べます。おすだけに角があります。

ボンゴ ウシ科
♠体長170〜250cm 体高110〜140cm
◆150〜220kg ♣アフリカ中央部
★森林にすみ木の葉を食べます。体にきれいなしまもようがあります。角はおす、めすどちらにもあります。

豆ちしき ボンゴは、ジャイアントパンダ、オカピ、コビトカバとならんで「世界四大珍獣」といわれています。

インパラ ウシ科

♠体長120〜160cm 体高75〜95cm ◆40〜80kg ♣アフリカ（ケニア、ウガンダ〜南アフリカ）★アカシアの生える草原などに、15〜20頭ほどの群れですんでいます。角はおすだけにあります。

セーブルアンテロープ ウシ科

♠体長190〜255cm 体高117〜143cm ◆190〜270kg ♣アフリカ東部 ★角はおす、めすどちらにもあり、サーベル状で、長さ165cmにもなります。

ローンアンテロープ ウシ科

♠体長220〜265cm 体高140〜160cm ◆225〜300kg ♣アフリカ（セネガル〜南アフリカ）★角はおす、めすどちらにもあり、耳は大きくて先に長い毛が生えています。

クリップスプリンガー ウシ科

♠体長75〜115cm 体高47〜60cm ◆10〜18kg ♣アフリカ東部・南部 ★角はふつうおすだけにあります。ひづめは、岩場の生活に適応しています。ジャンプが得意で、6mもとび上がります。

ウォーターバック ウシ科

♠体長80～220cm 体高100～130cm ◆150～250kg ♣アフリカ ★角はおすだけにあり、2本の角は半円形で1mにもなります。しりに白い円形の帯があります。

リーチュエ ウシ科

♠体長130～180cm 体高85～110cm ◆60～130kg ♣アフリカ中部・南部 ★沼地や湿原など、雨季にはこう水にみまわれる地域にすんでいます。角はおすだけにあります。

リードバック ウシ科

♠体長120～160cm 体高65～105cm ◆50～95kg ♣アフリカ中南部 ★川や沼に近いアシなどの草原にすんでいます。角はおすだけにあります。

リーボック ウシ科

♠体長105～125cm 体高70～80cm ◆18～30kg ♣アフリカ南部 ★高原にすみ、雨季には標高1000m以上の場所に移動します。行動はすばやく、ジャンプ力もあります。角はおすだけにあります。

豆ちしき ウシ科からウシやヤギなどをのぞいたものを「レイヨウ」といいます。

オグロヌーの大移動。アフリカのサバンナには雨期と乾期とがあり、乾期には草がかれてしまうので、ヌーは雨期が始まる地域へ、大群をつくって何百kmも移動します。

オグロヌー ウシ科

♠体長170～240cm 体高115～145cm ◆140～290kg ♣アフリカ南部・東部 ★草原などに5～15頭の群れで生活していますが、移動するときは大群をつくります。

オジロヌー ウシ科

♠体長170～220cm 体高90～120cm ◆160～180kg ♣アフリカ（南アフリカ） ★尾が白いヌーです。野生種は20世紀前半に絶滅し、今は保護区などに1500頭ほどがいるだけです。

アダックス ウシ科

♠体長120～130cm 体高95～115cm ◆60～125kg ♣アフリカ北部（サハラ砂漠など） ★むかしはサハラ、リビア砂漠などに広く分布していましたが、今はとても少なくなっています。

サーベル状の長い角

首は茶色

シロオリックス ウシ科

♠体長160〜175cm 体高110〜125cm ♦180〜200kg ♣アフリカ北部（サハラ砂漠など）★長い角はおす、めすどちらにもあります。草や果実などを食べます。

わん曲している角は1mをこえる

長いひげ

ヌビアアイベックス

ウシ科 ♠体長140〜150cm 体高65〜90cm ♦50〜80kg ♣西アジア（アラビア半島、シナイ半島）、アフリカ（エジプト、ヌビア）★山地や砂漠に、群れをつくってすんでいます。

ヌビアアイベックスの分布

ゲムズボック ウシ科

♠体長160〜235cm 体高85〜140cm ♦55〜255kg ♣アフリカ南部 ★オリックスともよばれます。顔やわき腹の黒いもようが特徴です。

豆ちしき シロオリックスの野生種は、20世紀末に絶滅してしまいました。

スプリングボック

ウシ科 ♠体長125～150cm 体高68～90cm ◆20～45kg ♣アフリカ南部 ★身に危険がせまると、腰の白い部分の毛をさか立て、とび上がる動作（プロンキング）をします。

キルクディクディク ウシ科

♠体長55～57cm 体高35～45cm ◆2.7～6.5kg ♣アフリカ（東部・南部）★小型のレイヨウ（35ページ「豆ちしき」）で、やぶなどにすんでいます。角はおすだけにあります。

ジェレヌク ウシ科

♠体長140～160cm 体高90～105cm ◆30～50kg ♣アフリカ東部 ★角はおすだけにあります。後ろあしで立ち上がり、前あしでたぐるようにして、高い木の葉を食べることがあります。

めす

トムソンガゼル ウシ科

♠体長80〜110cm 体高55〜65cm ◆15〜30kg ♣東アフリカ ★草原に50〜60頭ほどの群れで生活しています。サバンナでよく見られます。角はおす、めすにありますが、めすの角はとても小さいです。

ダマガゼル ウシ科

♠体長140〜165cm 体高90〜120cm ◆40〜75kg ♣アフリカ北部 ★ガゼルのなかまで最大です。「モホールの卵」といわれる漢方薬の原料として、狩りが行われたため、とても数がへり、絶滅が心配されています。角はおすだけにあります。

グラントガゼル

ウシ科 ♠体長95〜150cm 体高80〜95cm ◆35〜80kg ♣東アフリカ ★群れにはふつう1頭のおすが見られ、トムソンガゼルやインパラの群れとまじり合うことがあります。角はおすだけにあります。

豆ちしき ディクディクという名前は、相手をいかくする鳴き声によるといわれています。

キリン キリン科

♠体高250〜370cm 頭頂高430〜590cm ◆550〜1930kg ♣サハラ砂漠より南のアフリカ（熱帯林をのぞく） ★サバンナにおす1頭と2〜3頭のめす、子どもと群れをつくってすんでいます。

LIVE 発見! キリンのおすたちは、首をぶつけ合うようにして角で打ち合うことがあります。これをスパーリングといいます。

LIVE 発見! キリンはあしが長いため、水を飲むときは前あしを開きます。

オカピ

キリン科 ♠体長197〜215cm 体高150〜180cm ◆210〜300kg ♣アフリカ（中央アフリカ） ★森林におすとめすのペアまたは1頭ですみます。オカピとは、現地の言葉で「森のウマ」という意味です。

AR 11

LIVE 発見! オカピのおすには、2本の短い角があります。また、あしのひづめは2つです。

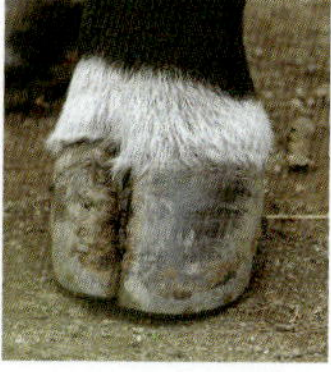

♠体の大きさ ◆体重 ♣分布 ★解説

イボイノシシ

イノシシ科 ♠体長105～152cm 体高55～84cm ♦48～143kg ♣アフリカ ★長くのびた犬歯を利用して土を掘り返し、木の根などを食べます。

カワイノシシ

イノシシ科 ♠体長100～150cm 体高55～80cm ♦45～120kg ♣アフリカ(ガンビア～コンゴ民主共和国) ★熱帯雨林の水辺でくらしています。木の根や実、小動物、昆虫などを食べます。

モリイノシシ

イノシシ科 ♠体長130～210cm 体高76～110cm ♦130～275kg ♣アフリカ ★大型のイノシシで、犬歯がきば状にのび、20cmほどにもなります。木の根や実、小動物などを食べます。

豆ちしき イボイノシシは、敵からにげるとき、尾をピンと立てて走ります。

鼻のあなは開閉できる

短い尾の先には毛が生えている

口は150度も開き、犬歯は50cmにもなる

指は4本。指の間に水かきがある

カバ カバ科

♠体長280～420cm 体高130～163cm ◆1350～3200kg ♣アフリカ ★陸上では、ゾウやサイの次に大きい動物です。昼は水の中で休み、夜に陸に上がって草を食べます。赤ちゃんの多くは、水中で乳を飲みます。

LIVE発見! カバの鼻のあなは上を向いていて、鼻、目、耳がほぼ一直線にならんでいます。そのため、水中から鼻、目、耳だけ出してまわりの様子を知ることができます。

コビトカバ

カバ科 ♠体長170～195cm 体高70～92cm ◆200～275 kg ♣西アフリカ ★湿った森林にすんでいます。20世紀初頭に生体が初めてつかまえられました。

黒っぽい灰色の体

目は飛び出ていない

水かきは目立たない

豆ちしき カバは、からだからピンク色の粘液を出して、乾燥や紫外線から皮ふを守ります。

ゾウなどのなかま

♠体の大きさ ◆体重 ♣分布 ★解説

アフリカゾウ ゾウ目ゾウ科 ♠体長540〜750cm 体高320〜400cm ◆5800〜7500kg ♣アフリカ（サハラより南） ★最大の陸生哺乳動物で、最大体重12t（12000kg）という記録があります。

ケープハイラックス
ハイラックス目ハイラックス科 ♠体長38〜60cm ◆1.8〜5.5kg ♣アフリカ（南アフリカ、ボツワナ、ジンバブエ）、アラビア半島 ★岩場のわれ目やあななどに群れで生活しています。

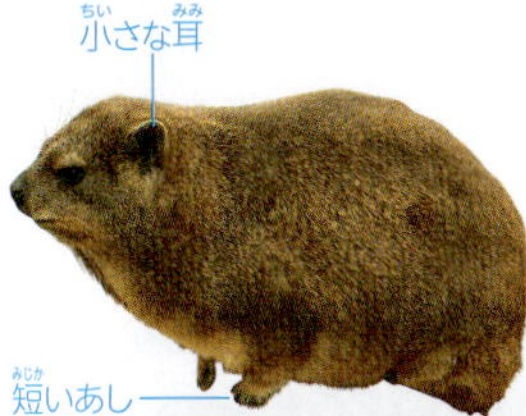

LIVE 発見！ ハイラックスのあしのうらはやわらかく、岩場でもすべりにくくなっています。

ツチブタ
ツチブタ目ツチブタ科 ♠体長100〜158cm 尾長44〜71cm ◆40〜100kg ♣アフリカ（サハラより南） ★夜行性で、昼間はあなの中で休みます。敵に出会うと、するどいつめであなを掘ってにげます。

豆ちしき ハイラックスは、化石の研究からゾウに近いなかまであることが分かりました。

ウマのなかま（ウマ目）

♠体の大きさ ◆体重 ♣分布 ★解説

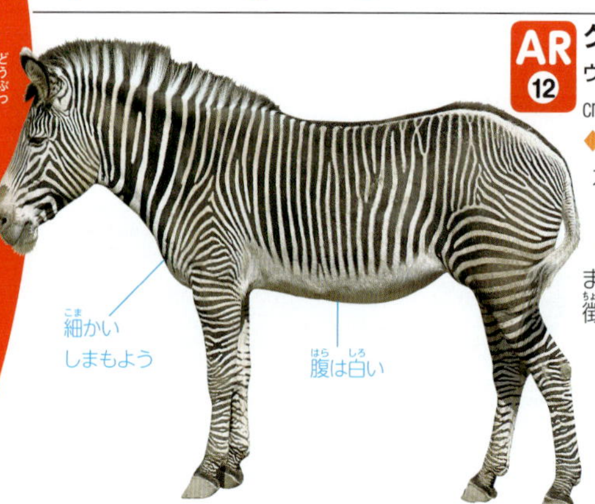

AR 12 グレビーシマウマ

ウマ科 ♠体長250〜300cm 体高145〜160cm ◆352〜450kg ♣アフリカ東部 ★野生のウマでは最大です。ほかのシマウマよりもこまかいしまもようが特徴です。

サバンナシマウマ

ウマ科 ♠体長217〜246cm 体高110〜145cm ◆175〜385kg ♣アフリカ ★しまもようなどによって、チャップマンシマウマ、グラントシマウマなどの亜種に分けられます。

LIVE 発見! シマウマは体だけではなく、たてがみや尾もしまもようになっています。

ヤマシマウマ

ウマ科 ♠体長210〜260cm 体高116〜150cm ◆240〜372kg ♣アフリカ南西部 ★山地に群れをつくってすんでいます。ハートマンヤマシマウマと、やや小型のケープヤマシマウマの2亜種がいます。

豆ちしき ウマのなかまには、ウマ、バク、サイのなかまがふくまれます。

アフリカノロバ ウマ科

♠体長200cm 体高115～125cm ◆275kg ♣アフリカ（ソマリア、エチオピアなど） ★アフリカにすむ野生のロバで、ソマリノロバなどの亜種がいます。

クロサイ サイ科

♠体長295～375cm 体高140～180cm ◆800～1400kg ♣アフリカ（サハラより南） ★サバンナに1頭か家族でくらしています。木の葉や草を食べます。

シロサイ サイ科

♠体長335～420cm 体高150～185cm ◆1400～3600kg ♣アフリカ（中央～南アフリカ） ★草原におす、めすのペアか家族でくらしています。草を食べます。

LIVE 発見! サイの尾の先には、短いふさ状の毛がはえています。

豆ちしき シロサイの亜種キタシロサイは、数頭しかいないとされ、絶滅寸前です。

センザンコウ、コウモリのなかま

♠体の大きさ ◆体重
♣分布 ★解説

オオセンザンコウ センザンコウ科
♠体長125～145cm 尾長75～80cm ◆20～30kg
♣アフリカ（セネガル、ウガンダ、コンゴ）
★夜行性で、ひとばんで20万びき、重さにして700gのアリやシロアリを食べます。

キノボリセンザンコウ
センザンコウ科 ♠体長33～43cm 尾長50～62cm ◆1.8～2.4kg ♣アフリカ（セネガル、ケニア、アンゴラ）★日中は木のほらで休み、夜になるとシロアリ塚をこわしてシロアリを食べます。

エジプトルーセットオオコウモリの分布

エジプトルーセットオオコウモリ
オオコウモリ科 ♠体長15cm 尾長1.4～1.9cm ◆81～171g ♣アジア西部、アフリカ ★最大1000頭からなる群れをつくり、日が落ちると、食べ物を求めて飛び立ちます。

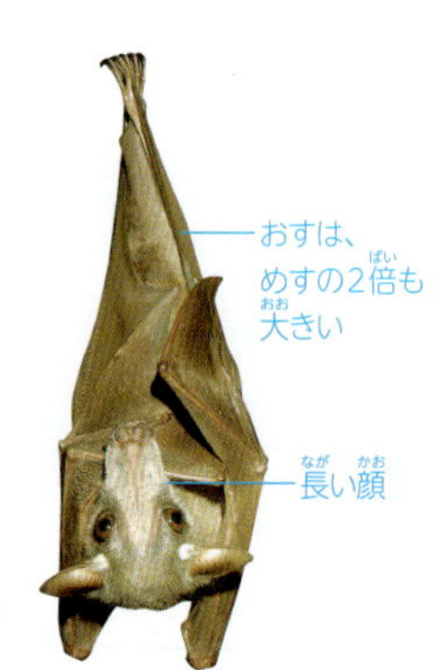

ウマヅラコウモリ オオコウモリ科
♠体長19.5～30.5cm 尾長0cm ◆200～420g ♣アフリカ中部 ★森林にすみ、夜行性で、果実を口にふくむと果汁だけを飲みこみ、残りはすてます。

豆ちしき センザンコウは、てきにおそわれると、長い尾をふり回して攻撃します。

サルのなかま（サル目）

♠体の大きさ ◆体重 ♣分布 ★解説

ハイイロネズミキツネザル

コビトキツネザル科 ♠体長11～13cm 尾長13cm ◆50～60g ♣アフリカ（マダガスカル西部・南部）★サルのなかまで最も小さい種のひとつです。乾燥した林にすみ、昆虫や小動物などを食べています。

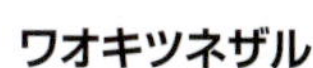

ワオキツネザル

キツネザル科♠体長39～46cm 尾長56～63cm ◆2.4～3.7kg ♣アフリカ（マダガスカル南部）★尾に輪のもようがあることから、この名前がつきました。昼行性で森林に群れですみ、木の葉や果実、昆虫などを食べています。

カッショクキツネザル

キツネザル科♠体長43～50cm 尾長41～51cm ◆2～3kg ♣アフリカ（マダガスカル中北部、マヨット島）★ブラウンキツネザルともよばれます。マダガスカル島のほとんどの森林でよく見られるキツネザルです。若葉や花、果実、昆虫などを食べています。

クロキツネザル

キツネザル科 ♠体長38～45cm 尾長51～65cm ◆2.0～2.9kg ♣アフリカ(マダガスカル北西部) ★熱帯雨林の木の上で活動し、10頭ほどの群れでくらしています。めす(写真右)は茶色です。

クロシロエリマキキツネザル

キツネザル科 ♠体長55cm 尾長60cm ◆3.5～4.5kg ♣アフリカ(マダガスカル東部) ★森の中に小さな群れですみ、大声でなわばりを宣言したりします。

キンイロジェントルキツネザル

キツネザル科 ♠体長28～45cm 尾長24～40cm ◆1.2～1.6kg ♣アフリカ(マダガスカル東部の内陸) ★熱帯雨林に、4～5頭の家族でくらし、朝夕によく活動します。タケノコを食べます。

顔以外は黒い

尾は長い毛がふさふさしている

長い中指

アイアイ アイアイ科

♠体長36～44cm 尾長55cm ◆2kg ♣アフリカ(マダガスカル) ★ユビザルともよばれます。マングローブや竹林などにすんでいる夜行性のサルです。

アイアイの前あしは、中指だけがとても長くなっています。これで木の中にいる虫などをほじり出します。

♠体の大きさ ◆体重 ♣分布 ★解説

インドリ　インドリ科 ♠体長75～80cm 尾長5cm ◆7kg ♣アフリカ（マダガスカル）★マダガスカル島にすむ最大のサルです。低地の熱帯雨林に、数頭のペアか家族でくらしています。

ベローシファカ　インドリ科

♠体長50cm 尾長55cm ◆5kg ♣アフリカ（マダガスカル）★森林に小さな群れをつくってくらしています。横にぴょんぴょんとんで移動します。

アバヒ　インドリ科

♠体長35cm 尾長40cm ◆600～1000g ♣アフリカ（マダガスカル）★森林にすみ、夜行性です。目立たない色合いで、動きの少ないサルです。

豆ちしき　アイアイは、むかしリスやネズミのなかまだと考えられていました。

ポットー ロリス科

♠体長30.5～37cm 尾長4～7cm ◆0.85～1.6kg ♣アフリカ（中央～西アフリカ） ★ポトともよばれます。熱帯雨林にすむ夜行性のサルで、背中に骨が突き出た突起があります。

ポットーの指

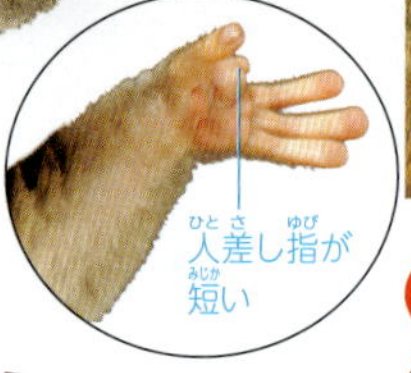

LIVE 発見！ ポットーの背中にある突起は、身を守る役割があるともいわれますが、くわしいことはまだわかっていません。

ショウガラゴ ガラゴ科

♠体長14～15cm 尾長22～30cm ◆140～420g ♣アフリカ（赤道地帯） ★ブッシュベイビーともよばれます。森林にすみ、小型ですが2mもジャンプできます。

オオガラゴ ガラゴ科

♠体長31～35cm 尾長40～46cm ◆900～1600g ♣アフリカ ★熱帯雨林にすんでいます。地上を速く移動するときは、2本あしでとびはねます。昆虫や果実などを食べます。

バーバリマカク

オナガザル科 ♠体長55〜76cm 尾長2cm ♦4〜10kg ♣アフリカ、ヨーロッパ ★バーバリエイプともよばれます。尾がとても短く、外見上はあるように見えません。

シロエリマンガベイ **オナガザル科**

♠体長46〜67cm 尾長40〜79cm ♦4.5〜12.5kg ♣アフリカ（ナイジェリア〜アンゴラ） ★首のまわりと胸にかかる白い毛がえりまきをしているように見えるので、この名前がつきました。

ホオジロマンガベイ

オナガザル科 ♠体長55〜77cm 尾長60〜97cm ♦9〜15kg ♣アフリカ中央部 ★熱帯雨林の木の上で、果実や花、葉、昆虫などを食べてくらしています。全身黒色で、肩に灰色の長いふさ毛があります。

豆ちしき ガラゴのなかまは夜行性なので、大きな目と耳をもっています。

キイロヒヒ オナガザル科

♠体長35～84cm 尾長35～66cm ◆8～25kg ♣アフリカ（南アフリカ北部） ★体の色が黄色いところからこの名前がつきました。地上と木の上の両方で生活します。

顔は赤い
長い銀灰色の毛

マントヒヒ オナガザル科

♠体長50～94cm 尾長35～61cm ◆10～18kg ♣アフリカ（エチオピア、ソマリア）、アジア（アラビア半島南西部） ★成長したおすには、銀灰色の毛が肩にかかり、マントを着たように見えることからこの名前がつきました。

アヌビスヒヒ オナガザル科

♠体長50～95cm 尾長38～60cm ◆15～30kg ♣アフリカ（モーリタニア～エチオピアのサハラ砂漠周辺） ★ドグエラヒヒ、サバンナヒヒともよばれます。群れをつくってくらしています。

チャクマヒヒ オナガザル科

♠体長50～114cm 尾長35～84cm ◆17～34kg ♣アフリカ（ザンビア、アンゴラ～アフリカ南部） ★たくさんのおす、めす、子どもで群れをつくります。

ギニアヒヒ

オナガザル科 ♠体長50〜83cm 尾長45〜70cm ◆18kg ♣アフリカ（セネガル、モーリタニア、ギニア、シエラレオネ） ★地上でくらしています。

ゲラダヒヒ オナガザル科

♠体長50〜74cm 尾長30〜50cm ◆14〜21kg ♣アフリカ（エチオピア） ★2000m以上の高地の岩山に群れでくらしています。

マンドリル オナガザル科

♠体長50〜95cm 尾長7〜12cm ◆20〜28kg ♣アフリカ（カメルーン東部、ガボン、赤道ギニア、コンゴ） ★鼻が赤く、その両側には青くもり上がったたてのみぞがあり、しまもようになっています。

ドリル オナガザル科

♠体長50〜95cm 尾長7〜12cm ◆10〜28kg ♣アフリカ（カメルーン西部、ナイジェリア東部、赤道ギニア） ★熱帯雨林のおく深くに大群で生活しています。

豆ちしき マンドリルは、おすのほうがめすより色があざやかです。

パタスモンキー

オナガザル科
♠体長50〜75cm 尾長50〜74cm ◆4〜13kg ♣アフリカ（サハラ砂漠より南で、西はセネガル、東はエチオピア、南はタンザニアまで）★サバンナおよび周辺のまばらな林にすみ、ほとんど地上ですごします。速く走れるサルです。

顔は黒く白い毛のふちどりがある

腹と手あしの内側は白い

長い尾

サバンナモンキー

オナガザル科 ♠体長35〜66cm 尾長50〜72cm ◆2.5〜7kg ♣アフリカ（サハラ砂漠より南）★サバンナの木の多いところにすんでいます。

サイクスモンキー

オナガザル科 ♠体長45〜62cm 尾長62〜94cm ◆3.5〜7kg ♣アフリカ東部 ★平地から山地のさまざまな森林にすみ、群れでくらしています。

ダイアナモンキー オナガザル科

♠体長40～57cm 尾長52～82cm ◆2.2～7.5kg ♣アフリカ（シエラレオネ～ガーナ）★熱帯雨林にすみ、木のてっぺんのやや下ですごすことが多いサルです。

コビトグエノン オナガザル科

♠体長25～45cm 尾長26～52cm ◆0.7～1.4kg ♣アフリカ（アンゴラ、カメルーンなど）★タラポアンともよばれます。川辺の林、沼地近くの森、マングローブ林などにすみます。

クチヒゲグエノン オナガザル科

♠体長44～58cm 尾長66～99cm ◆3～5kg ♣アフリカ（カメルーン、アンゴラ）★雨の多い森林にすんでいます。口ひげのような白い線があります。

ショウハナジログエノン オナガザル科

♠体長40～48cm 尾長57～68cm ◆2～3.5kg ♣アフリカ（ガンビア～ベニン）★雨の多い森林にすんでいます。鼻に目立つ白い毛があります。

豆ちしき 「グエノン」とは「かわいい男の子」という意味です。

ブラッザモンキー

オナガザル科 ♠体長40～60cm 尾長53～85cm ◆4～8kg ♣アフリカ（エチオピア、アフリカ中央部） ★ブラッザグエノンともよばれます。湿った林、川辺の林など水の近くにすんでいます。

顔のまわりは白い

ウォルフグエノン

オナガザル科 ♠体長45～51cm 尾長70～82cm ◆2.5～4.5kg ♣アフリカ（アフリカ中央部） ★熱帯雨林に10頭ぐらいの群れでくらしています。

腰に長く白い毛

アビシニアコロブス

オナガザル科 ♠体長45～70cm 尾長52～90cm ◆7.9～13.6kg ♣アフリカ（ナイジェリア～エチオピア、ケニア、ウガンダ、タンザニア） ★クロシロコロブスともよばれます。生まれたばかりの赤ちゃんは全身まっ白ですが、じょじょに黒い毛があらわれ、3か月ほどで親と同じ色になります。

長く白い毛

アカオザル　オナガザル科

♠体長41〜48cm 尾長55〜90cm ◆2〜6kg ♣アフリカ（コンゴ、ケニアなど）★尾が赤いのでこの名前がつきました。数十頭の群れでくらしています。

アレンモンキー　オナガザル科

♠体長45〜55cm 尾長45〜55cm ◆2.5〜5kg ♣アフリカ（アンゴラなど）★林の中では、高さ15m以下のところを利用し、地上にもよくおります。

アンゴラクロシロコロブス

オナガザル科 ♠体長53〜59cm 尾長71〜83cm ◆7.4〜9.7kg ♣アフリカ（アンゴラ、ルワンダなど）★2〜16頭の群れをつくり、1日に500〜2000mを移動しながら生活しています。

アカコロブス

オナガザル科 ♠体長46〜75cm 尾長41〜95cm ◆7〜12.5kg ♣アフリカ（アフリカ中央部）★熱帯雨林、アカシアの林、沼地近くの林、山林まではば広い場所にすんでいます。

豆ちしき　コロブスのなかまは、多くが親指が退化しています。

チンパンジー ヒト科

♠身長150cm 尾長0cm ◆26〜70kg ♣アフリカ（セネガル〜タンザニア） ★コモンチンパンジーともよばれます。頭がよく、道具を使って食べ物をとったりもします。

チンパンジーは手先が器用で、ナイフやフォークも人間と同じように使うことができます。

顔は丸くて小さい

毛が立っている

ボノボ

ヒト科 ♠身長110〜150cm 尾長0cm ◆27〜61kg ♣アフリカ中央部 ★ピグミーチンパンジーともよばれます。チンパンジーより小型で、頭が丸く、あしが長く、子どものころから黒い顔をしているなどの特徴があります。

チンパンジーのめすのおしりは、発情のため月に１度ふくらみます。

ヒガシゴリラ ヒト科

♠身長175cm（おす）、145cm（めす）尾長0cm
◆170kg（おす）、90kg（めす）
♣アフリカ中東部
★マウンテンゴリラともよばれます。標高1650～3790mの地域にすみ、体の毛は黒く、特に腕の毛が長くなっています。ニシゴリラにくらべて、上下のあごの骨と歯は長いですが、腕は短いのが特徴です。

ニシゴリラ ヒト科

♠身長170cm（おす）、140cm（めす）尾長0cm ◆170kg（おす）、90kg（めす）
♣アフリカ中西部 ★ローランドゴリラともよばれます。熱帯雨林にすみ、ほとんど地上生です。体毛が短く、かっ色や灰色がかっています。1頭のおすと1～4頭のめす、子どもとくらしています。

ニシゴリラのおすは、おとなになると背中から太ももの毛が白くなります。このようなおすはシルバーバックとよばれ、群れのなかでひときわ大きくて目立ちます。

豆ちしき ニシゴリラは、ニシローランドゴリラとよばれることがあります。

テンレック、ハネジネズミのなかま

♠体の大きさ ◆体重 ♣分布 ★解説

ヒメハリテンレック

テンレック科 ♠体長14～18cm 尾はほとんどない ◆80～90g ♣アフリカ（マダガスカル南部～南西部）★地上でも活動しますが、木のぼりが得意で、巣も木のうろにつくります。

テンレック

テンレック科 ♠体長25～39cm 尾長0.5～1cm ◆1.5～2.4kg ♣アフリカ（マダガスカルおよびコモロ諸島）★山地の下草のしげった林に見られます。

シマテンレック

テンレック科 ♠体長12.2～16.5cm 尾長0cm ◆200g ♣アフリカ（マダガスカル東部）★熱帯林にすみ、浅いあなを掘って家族の群れで休みます。昼も夜も数時間おきに活動します。

ハリテンレック **テンレック科**

♠体長15～22cm 尾長1.6cm ◆180～270g ♣アフリカ（マダガスカル北部、東部）★背中からわき腹にかけて、するどいとげにおおわれています。危険を感じると、体を丸めて身を守ります。

LIVE 発見！ ヒメハリテンレックやハリテンレックは、敵におそわれると体を丸めて身を守ります（写真はハリテンレック）。

豆ちしき テンレックとキンモグラは、テンレック目に分類されています。

ポタモガーレ テンレック科

♠体長29〜35cm 尾長24.5〜29cm ♦450〜600g ♣アフリカ（中部アフリカの熱帯雨林地帯） ★カワウソジネズミともいい、すがたや生活がカワウソににています。

サバクキンモグラ

キンモグラ科 ♠体長7cm 尾長0cm ♦16〜30g ♣アフリカ（ナミビア、南アフリカ） ★海岸地方の砂地の草原などにすんでいます。わかいころはつやのある毛ですが、年をとると灰色になります。

コミミハネジネズミ

ハネジネズミ科 ♠体長9.5〜13cm 尾長8.3〜14cm ♦31〜47g ♣アフリカ（南アフリカ、ナミビア、ボツワナ南部） ★乾燥した草原にすみ、おもに昼間に活動します。

テングハネジネズミ

ハネジネズミ科 ♠体長23〜32cm 尾長19〜27cm ♦400〜450g ♣アフリカ（モザンビーク、マラウィ、タンザニア南部、ザンビア北東部、コンゴ民主共和国東部、ウガンダ） ★暑い日中をのぞき1日中活動します。走るのが速い動物です。

豆ちしき ハネジネズミのなかまは、「ハネジネズミ目」に分類されています。

ネズミのなかま（ネズミ目）

♠体の大きさ ◆体重
♣分布 ★解説

アフリカヤマネ ヤマネ科

♠体長7.5～10.5cm 尾長5.8～9.5cm ◆18～30g ♣アフリカ ★森林からサバンナまでいたるところで見られ、人家の屋根うらなどにもすんでいます。

ハダカデバネズミ

デバネズミ科 ♠体長8～9.2cm 尾長2.8～4.4cm ◆30～80g ♣アフリカ東部 ★乾燥した土地に、トンネルを掘ってくらしています。

長い耳

大きな目

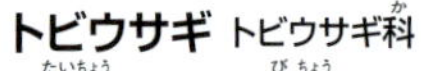

トビウサギ トビウサギ科

♠体長35～43cm 尾長35～47cm ◆3～4kg ♣アフリカ東部、南部 ★夜行性で、日中は地面のあなで休みます。カンガルーのようにとびはねます。

アフリカフサオヤマアラシ

ヤマアラシ科 ♠体長36～60cm 尾長10～26cm ◆2～2.9kg ♣アフリカ ★敵にあうと木にのぼり、はりの生えた尾をふり回して身を守ります。

アフリカタテガミヤマアラシ

ヤマアラシ科 ♠体長60～80cm 尾長10～17cm ◆10～24kg ♣アフリカ ★長くするどいはりをもっています。

豆ちしき ハダカデバネズミは、寿命が約30年と、ネズミのなかまでは最も長生きです。

ライブ LIVE 情報

キツネザルの島マダガスカル

カッショクキツネザル

ベローシファカ

クロキツネザル

ワオキツネザル

マダガスカルは、アフリカ大陸の南東沖およそ400kmにある世界で4番目に大きな島です。この島には多くのサルがいますが、すべてがキツネザルなどの原猿類（原始的なサル）で、アフリカ大陸で見られるゴリラやチンパンジー、オナガザルのなかまはいません。

マダガスカルは約6000万年以上前にアフリカ大陸から離れて島となりました。このころキツネザルの祖先はまだ現れていないので、島になったあとアフリカ大陸からやってきたと考えられます。サルのなかまが、まだそれほど進化していない原猿の時代に、アフリカから巨大な漂流物に乗ってマダガスカルに入りこんだという説がかなり有力です。マダガスカルにはライオンやヒョウもいませんし、競合するサルもいないので、天敵のいない島の中で、独自の進化をしていろいろな原猿に分化していったのだろうと考えられます。

ユーラシアの動物

アジア、ヨーロッパに広がるユーラシアは、南部は熱帯雨林、中部には温暖な地域が広がり、北部にはツンドラ、極地がある広大な大陸です。熱帯にはサルのなかま、温帯にはシカやイノシシ、寒帯にはジャコウウシなどが生息し、山岳地帯にはアイベックスなどがすんでいます。変わり種は亜高山帯の竹林に生息する２種のパンダで、食肉類であるにもかかわらずタケなどの草食に適応しています。

ユーラシア
日本

ジャイアントパンダ

トラ ネコ科
♠体長140～250cm 尾長60～110cm ♦65～306kg ♣アジア中部～南部 ★ネコ科で最大の動物です。1頭で狩りをします。

ユキヒョウ ネコ科 ♠体長100～130cm 尾長80～100cm ♦25～75kg ♣中央アジア ★夏は標高2700～6000mの花畑や岩場、冬は標高1800m以下の森林にすみます。

ウンピョウ ネコ科 ♠体長61～107cm 尾長55～92cm ♦16～23kg ♣アジア中部（インド）、東南アジア（中国南部） ★雲形のもようがあるので、ウンピョウ（雲豹）とよばれます。

豆ちしき 日本にすんでいる動物は、168ページ以降で紹介しています。

カラカル ネコ科

♠体長60～92cm 尾長23～31cm ◆6～19kg ♣アジア西部(アラビア～インド西部)、アフリカ ★草原や丘にすみ、夜活動します。走るのが速く、ジャンプも得意です。

ジャングルキャット ネコ科

♠体長50～94cm 尾長23～31cm ◆4～16kg ♣アフリカ(エジプト)～アジア東南部 ★草むらややぶ、川辺のアシのしげみや開けた土地などにすみ、日中よく活動します。

スナネコ ネコ科

♠体長45～58cm 尾長28～35cm ◆1.3～3.4kg ♣アフリカ北部(アルジェリア、エジプト)～アジア南西部(イスラエル、サウジアラビア) ★乾燥した砂漠にすみ、日中は暑さをさけてあなにかくれ、夜に活動します。

マヌルネコ ネコ科

♠体長50～65cm 尾長21～31cm ♦2.5～4.5kg ♣中央アジア（アフガニスタン、ロシア、中国）★昼間は岩あなどにひそみ、夕方から夜にネズミなどをとらえて食べます。

スペインオオヤマネコ

ネコ科 ♠体長85～110cm 尾長12～13cm ♦9～13kg ♣ヨーロッパ（スペイン、ポルトガル）★かつては南ヨーロッパに広くすんでいましたが、数がへって現在は100～120頭ほどしかいないともいわれます。

オオヤマネコ ネコ科

♠体長80～130cm 尾長11～25cm ♦8～38kg ♣西ヨーロッパ～アジア（シベリア、インド北部、中国、朝鮮半島）★森林にすむ大型のヤマネコで、おもにジャコウジカや鳥類をとらえます。

豆ちしき 「マヌル」とはモンゴル語で「小さいヤマネコ」という意味です。

アジアゴールデンキャット

ネコ科 ♠体長73～105cm 尾長43～56cm ◆8～15kg ♣東南アジア、中国南部 ★森林にすみ、キジ類、小型のシカなどをとらえます。

4～5本の黒いしまもよう

黒いはんもん

ベンガルヤマネコ

ネコ科 ♠体長35～60cm 尾長15～40cm ◆3～5kg ♣インド～東南アジア ★夜行性で、木のぼりや泳ぎが得意です。

アムールヤマネコ

ネコ科 ♠体長60～107cm 尾長25～44cm ◆5～7kg ♣ヨーロッパ、アジア（シベリア東部、中国）★夜行性で、木のぼりや泳ぎが得意です。日本のツシマヤマネコは、アムールヤマネコの亜種です。

マレーヤマネコ
ネコ科 ♠体長41〜50cm 尾長13〜15cm ◆1.6〜2.1kg ♣東南アジア ★夜行性で水辺がすきなネコです。魚をとるのが得意です。

サビイロネコ ネコ科
♠体長35〜48cm 尾長5〜25cm ◆1.1〜1.6kg ♣アジア南部（インド南部、スリランカ） ★おもに夜行性です。頭に4本のさび色のもようがあります。

数本の黒い線
黒いはんもん
つめを引っこめられない

スナドリネコ ネコ科
♠体長75〜86cm 尾長25〜33cm ◆7.7〜14kg ♣アジア南部（インド）〜東南アジア ★「スナドリ（魚やエビをとること）」の名の通り、泳ぎが得意で、前あしで魚をすくい上げてとらえます。

豆ちしき サビイロネコは、世界最小の野生ネコの一種です。

ナマケグマ クマ科

♠体長140～180cm 尾長10～13cm ◆55～145kg ♣アジア南部（インド、スリランカ）★つめでシロアリの巣をこわし、土をふきとばしてから、くちびると舌でシロアリを吸いこみます。

マレーグマ クマ科

♠体長100～140cm 尾長3～7cm ◆27～65kg（おす）♣東南アジア ★クマのなかまで、いちばん体が小さいです。

レッサーパンダは木のぼりが得意です。動物園でもよく木にのぼっています。

レッサーパンダ レッサーパンダ科

♠体長51～64cm 尾長28～49cm ◆3.7～6.2kg ♣中央アジア ★高い山の竹林などでくらしています。「レッサー」とは、小さいという意味です。

ジャイアントパンダ

クマ科 ♠体長120～150cm 尾長10～13cm ◆75～160kg（おす）♣中国 ★高い山の竹林に、1頭で生活しています。親指の外側に「6本目の指」といわれる出っぱり（上の写真の矢印）があり、5本の指とこの出っぱりでタケやタケノコをつかんで食べます。オカピ、コビトカバ、ボンゴとともに「世界四大珍獣」といわれています。

ジャイアントパンダの赤ちゃんは、生まれたときは体重100～200gくらいしかなく、毛はありません。1か月くらいたつと白と黒の毛が生えてきます。

生まれた直後の赤ちゃん

生後3か月の赤ちゃん

豆ちしき　ジャイアントパンダとレッサーパンダをパンダ科に分類する学者もいます。

チョウセンイタチの分布

顔が黒い

尾は長い

チョウセンイタチ イタチ科

♠体長25～39cm 尾長13～21cm ◆360～820g ♣ヨーロッパ、ロシア～シベリア東部、中国、日本（移入） ★日本では毛皮目的に輸入したものがにげ出し、野生化しています。

ヨーロッパケナガイタチの分布

手あしは黒い

尾は黒い

フェレット（ヨーロッパケナガイタチ） イタチ科

♠体長20～46cm 尾長7～19cm ◆200～1700g ♣ヨーロッパ、中東アジア（パレスチナ）、北アフリカ（モロッコ） ★ヨーロッパケナガイタチやステップケナガイタチを飼いならしたものです。ペットとして人気があります。

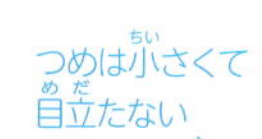

白い胸

尾の毛は長く黒い

ムナジロテン

イタチ科 ♠体長38～54cm 尾長22～30cm ◆1.1～2.3kg ♣ヨーロッパ中部・南部～中央アジア ★胸の部分が白くなっていることからこの名前がつきました。

コツメカワウソ イタチ科

♠体長45～61cm 尾長25～35cm ◆1～5kg ♣南アジア（インド、スリランカ）、東南アジア（インドネシア、カリマンタン、パラワン、中国南部） ★小型のカワウソです。川のどろをかきまわし、えものをつかまえます。

ユーラシアカワウソの分布

ユーラシアカワウソ イタチ科

♠体長55～95cm 尾長30～55cm ♦5～12kg ♣ヨーロッパ、アジア、アフリカ ★ユーラシア大陸に広く分布しているカワウソです。川ぞいの森にすんでいます。

コジャコウネコ ジャコウネコ科

♠体長45～63cm 尾長30～43cm ♦2～4kg ♣南アジア（インド）～東南アジア ★草地や森林にすんでいて、木にものぼりますが、ほとんど地上で生活しています。

パームシベット ジャコウネコ科

♠体長43～71cm 尾長41～66cm ♦2～5kg ♣南アジア～東南アジア ★シベットともよばれます。森林のほか、人家近くにもすんでいます。

豆ちしき ジャコウネコの臭腺（29ページ）から出る液は、香水などの原料になります。

ビンツロング

ジャコウネコ科 ♠体長61～97cm 尾長56～89cm ♦9～14kg ♣南アジア～東南アジア ★おもに木の上で活動します。休むときは体を丸め、ふさふさした尾で体をおおいます。

ひたいから鼻先まで白い線

ハクビシン ジャコウネコ科

♠体長49～76cm 尾長40～64cm ♦3～5kg ♣南アジア～東アジア（日本には移入されたといわれる） ★山地の森林にすみ、畑や果樹園などに食べ物をさがしに出てきます。

尾の先は黒い

ハイイロマングース マングース科

♠体長45～60cm 尾長35～39cm ♦1.5～4kg ♣西アジア～南アジア ★日本には1910年ごろに、毒ヘビのハブを退治する目的で沖縄などに移入され、今では野生化しています。

目は小さい

尾の先は黒い

体は灰色

豆ちしき ハクビシンがいつごろ日本にやってきたのかは、まだはっきりしていません。

ウシのなかま(ウシ目)

♠体の大きさ ◆体重 ♣分布 ★解説

ヨーロッパバイソン

ウシ科 ♠体長220〜350cm 体高140〜195cm ◆430〜1350kg ♣ヨーロッパ ★1920年代に野生種は一度絶滅しましたが、動物園で飼育されていたものから復活させ、1956年ごろからもとの生息地に放されています。

アジアスイギュウ

ウシ科 ♠体長240〜300cm 体高150〜190cm ◆700〜1200kg ♣インド、東南アジア ★水辺の草原や林にときとして数十頭にもなる群れをつくってすんでいます。古くから家ちくとして各地で飼われています。

アノア

ウシ科 ♠体長180cm 体高86cm ◆300kg ♣東南アジア(スラウェシ島) ★セレベススイギュウともよばれます。おす、めすのペア、あるいは群れをつくって山地の森林にすんでいます。

豆ちしき ヨーロッパバイソンの現在の個体数は約4000頭といわれています。

ヤク(野生種)

ヤク(家ちく種)

ヤク(ノヤク)

ウシ科 ♠体長325cm 体高200cm ♦300〜1000kg ♣中央アジア ★標高4000〜6000mの高地の草原などに群れですみ、草やコケなどを食べます。野生種と家ちく種があります。

バンテン ウシ科

♠体長190〜225cm 体高160cm ♦600〜800kg ♣東南アジア(カリマンタン島、マレー半島、ジャワ島など) ★森林にすみ、1頭のおすにひきいられた2〜20頭ほどの群れをつくります。

ガウル ウシ科

♠体長250〜330cm 体高165〜220cm ♦650〜1000kg ♣アジア南部（インド〜マレー半島）★ガヤール、インドヤギュウともよばれる大型のウシです。

ニルガイ ウシ科

♠体長180〜210cm 体高120〜150cm ♦約300kg ♣アジア（パキスタン、インド、ネパール）★森林や草原にすんでいます。おすは黒く短い角があります。

ヨツヅノレイヨウ ウシ科

♠体長80〜100cm 体高55〜65cm ♦17〜21kg ♣アジア（インド、ネパール）★おすは頭部に4本の角がありますが、めすの角は2本です。

豆ちしき ヤクの尾の毛は、日本でもかぶとのかざりなどに使われていました。

アラビアオリックス ウシ科 ♠体長160cm 体高85～90cm ◆35～75kg ♣アラビア半島 ★かつてはアラビア半島、イラク、シリアなどにいましたが、1972年に野生種は絶滅しました。

ブラックバック ウシ科
♠体長100～150cm 体高73～84cm ◆32～43kg ♣アジア南部 ★草原に15～50頭くらいの群れですんでいます。角はおすだけにあり、ねじれています。

コウジョウセンガゼル ウシ科
♠体長90～115cm 体高52～70cm ◆18～33kg ♣アジア（西アジア～中国） ★おすは、はんしょく期にのどがふくれます。乾燥した土地に群れでくらしています。

♠体の大きさ ◆体重 ♣分布 ★解説

サオラ ウシ科

♠体長150〜200cm 体高80〜90cm ◆100kg ♣東南アジア（ベトナム、ラオス）★ベトナムレイヨウともよばれます。1992年にベトナムで発見されました。1995年現在、ベトナムとラオスの国境地帯に約200頭がすんでいます。

サイガ ウシ科

♠体長108〜146cm 体高60〜80cm ◆21〜51kg ♣中央アジア ★オオハナレイヨウともよばれます。山地に数十頭の群れですんでいます。下向きの大きな鼻は、冷たい空気をあたため、湿らせる役目をしているといわれます。

モウコガゼル ウシ科

♠体長110〜148cm 体高62〜76cm ◆20〜39kg ♣アジア（モンゴル、シベリア、中国）★乾燥した草地などにすんでいます。おすだけに角があります。

シャモア ウシ科

♠体長90〜130cm 体高76〜81cm ◆24〜50kg ♣ヨーロッパ ★アルプスカモシカともよばれます。毛皮が美しいので、乱獲されてへりましたが、現在は保護されています。

豆ちしき アラビアオリックスは、ユニコーン（一角獣）のモデルともいわれています。

ゴーラル ウシ科

♠体長90～130cm 体高58～75cm ◆22～32kg ♣アジア ★ニホンカモシカににていますが、背中には小さなたてがみがあります。

バーラル ウシ科

♠体長115～165cm 体高75～90cm ◆25～80kg ♣アジア中部 ★森林のとぎれる高地に、群れをつくってすんでいます。

マーコール ウシ科

♠体長140～180cm 体高65～104cm ◆32～110kg ♣アジア中央部 ★おすの角は、ねじれながら後方に大きくのびて曲がっています。

ターキン ウシ科

♠体長100～237cm 体高67～130cm ◆150～400kg ♣アジア中部 ★体はウシ、鼻はヒツジににています。標高2400～4200mの森林にすんでいます。

ノヤギ ウシ科

♠体長130～165cm 体高75～100cm ◆40～140kg ♣西アジア、ヨーロッパ（クレタ島） ★パサンともよばれます。山地に5～20頭前後の群れをつくってくらしています。家ちくのヤギの祖先といわれています。

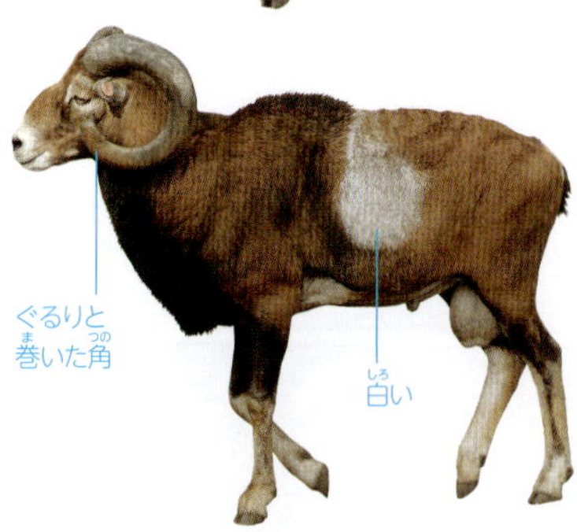

ムフロン ウシ科

♠体長110～130cm（おす） 体高65～75cm（おす） ◆25～55kg（おす） ♣ヨーロッパ、西アジア ★山地に群れでくらしています。家ちくのヒツジの祖先のひとつといわれています。

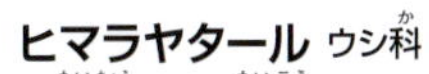

ヒマラヤタール ウシ科

♠体長140cm 体高100cm ◆36～90kg ♣アジア（ヒマラヤ） ★木におおわれた山地に、30～40頭ほどの群れをつくってすんでいます。角はおす、めすともに見られます。

ニルギリタール ウシ科

♠体長150～175cm 体高97～105cm ◆50～100kg ♣アジア（インド南部） ★ニルギリ地方の山地や、草におおわれた丘に、群れをつくってすんでいます。

豆ちしき マーコールの角は長いもので1.5mにもなります。

シベリアアイベックス

ウシ科 ♠体長130～165cm 体高67～110cm ◆35～130kg ♣アジア北東部 ★岩の多い山に、群れをつくってすんでいます。岩場での動作は活発で、ジャンプ力もすぐれています。

大きな角。断面は四角
ひげ
ふたつのひづめはひらく

カフカスアイベックス ウシ科

♠体長150～165cm 体高67～90cm ◆65～100kg ♣ロシアのカフカス山脈西側 ★ニシコーカサスツールともよばれます。山地にすみ、角は長さ1mにもなります。

スマトラカモシカ ウシ科

♠体長80～180cm 体高50～105cm ◆25～140kg ♣アジア南部 ★シーローともよばれます。山地にすんでいますが、開発ですみかを追われ数がへっています。

ヘラジカ シカ科 ♠体長240〜310cm 体高140〜235cm ♦200〜825kg ♣アジア、ヨーロッパ ★エルクともよばれます。シカのなかまでは最大で、角はおすだけにあります。

トナカイ シカ科

♠体長120〜220cm 体高87〜140cm ♦60〜318kg ♣北アメリカ、アジア、ヨーロッパ ★カリブーともよばれます。ツンドラ地帯に群れですんでいます。おす、めすともに角があるのは、シカのなかまではトナカイだけです。

アカシカ シカ科

♠体長165〜250cm 体高120〜150cm ♦70〜220 kg ♣ヨーロッパ、アジア ★森林地帯にすむ大型のシカで、角はおすだけに見られます。

豆ちしき アメリカの「ムース」とよばれるヘラジカは、別種とされています。

サンバー シカ科

♠体長162〜246cm 体高102〜160cm ♦109〜260kg ♣アジア南部（インド〜中国南部、台湾、スマトラ、カリマンタン）★スイロクともよばれます。ふつうは木のしげった山のふもとにすんでいます。

アキシスジカ シカ科

♠体長110〜140cm 体高75〜97cm ♦75〜100kg ♣アジア南部（インド、スリランカ）★白いはん点があります。世界で最も美しいシカといわれます。

ホッグジカ シカ科

♠体長105〜115cm 体高60〜75cm ♦36〜55kg ♣アジア南部 ★草原や森林におす、めすのペアまたは1頭で生活し、大きな群れはつくりません。

シフゾウ シカ科

♠体長183〜216cm 体高122〜137cm ♦220kg ♣アジア（中国原産） ★角はシカ、ひづめはウシ、頭はウマ、尾はロバににていますが、そのどれでもないことから「四不像」とよばれました。野生種はすでに絶滅しています。

ダマジカ シカ科

♠体長130〜175cm 体高80〜105cm ♦40〜100kg ♣ヨーロッパ、西アジア ★おすだけにある角は、先が手のひらのようになっています。

短い角

タイワンキョン シカ科

♠体長90cm 体高41cm ♦11〜16kg ♣アジア（中国南部、台湾） ★キョンともよばれます。よくしげった森林に、ふつうは1頭でくらしています。

キバノロ シカ科

♠体長77〜100cm 体高45〜55cm ♦11〜14kg ♣アジア東部 ★おす、めすいずれにも角はなく、上あごの犬歯が発達してきばのようになっています。

豆ちしき シフゾウはイギリスで飼育されていたものが中国に再導入されました。

クチジロジカ シカ科

♠体長190～230cm 体高120～130cm ♦約200kg ♣東南アジア（中国、チベット） ★高地の草原に群れですんでいる、比較的原始的なシカです。

シベリアジャコウジカ

ジャコウジカ科

♠体長86～100cm 体高53～80cm ♦13～18kg ♣アジア北東部 ★おす、めすともに角がありません。おすは上の犬歯がきば状に発達します。

ジャワマメジカ マメジカ科

♠体長45～55cm 体高20～25cm ♦1.5～2.5kg ♣東南アジア ★最小のシカともいわれています。ジャングルの草のおいしげった場所にすみ、角はおす、めすともありません。

バビルーサ イノシシ科

♠体長87.5〜106.5cm 体高65〜80cm ◆43〜100kg ♣インドネシア（スラウェシ島など）★バビルサともよばれます。おすの上あごのきば（犬歯）は、皮ふをつきぬけて上にとび出しています。

ヒゲイノシシ イノシシ科

♠体長100〜165cm 体高72〜85cm ◆150kg ♣東南アジア ★深い熱帯雨林やマングローブ林などにすみ、大きな群れをつくります。

コビトイノシシ イノシシ科

♠体長55〜71cm 体高20〜36cm ◆6.5〜12kg ♣アジア（インド、ネパール）★イノシシのなかまでは最小です。

豆ちしき バビルーサの上あごのきばは、何の役に立つのかよくわかっていません。

LIVE 発見! ラクダは、鼻のあながとじられます。まつ毛も長く、砂が入りにくくになっています。

ヒトコブラクダ ラクダ科

♠体長300cm 体高180〜210cm ◆600〜1000kg ♣北アフリカ、アジア南西部 ★家ちくとして飼われています。乾燥に強いので「砂漠の船」といわれ、荷物の運ぱんや乗り物として使われています。

フタコブラクダ ラクダ科

♠体長300cm 体高180〜230cm ◆450〜1000kg ♣中央アジア ★野生のフタコブラクダは、ゴビ砂漠に数百頭しかいないといわれています。

豆ちしき ヒトコブラクダの野生種は絶滅しています。

ゾウのなかま（ゾウ目） ♠体の大きさ ◆体重 ♣分布 ★解説

アジアゾウ ゾウ科

♠体長550〜640cm 体高250〜300cm ◆2700〜5400kg ♣東南アジア、中国南部 ★インドゾウ、スマトラゾウなどの亜種に分かれます。1頭のめすを中心とした群れをつくります。インドでは家ちくとしても使用されてきました。

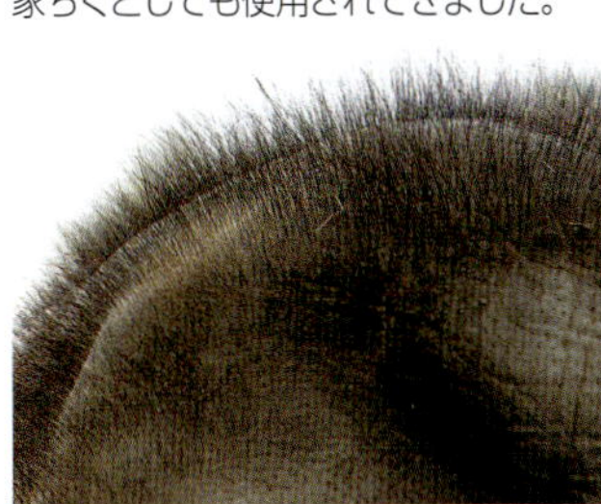

アジアゾウの頭部

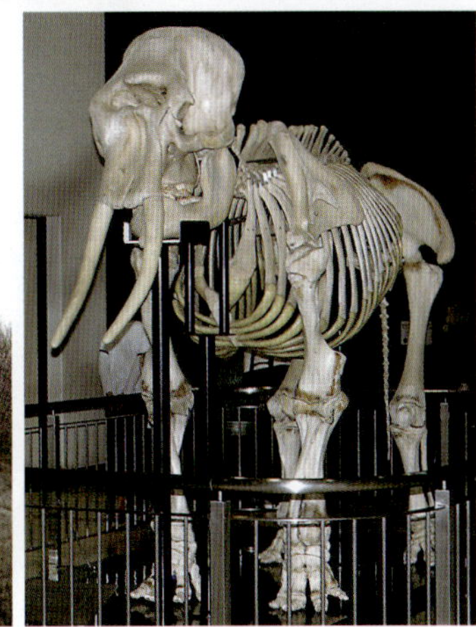

アジアゾウの骨格

ゾウの頭部には、かたい毛がたくさん生えています。また、骨格を見ると、鼻に骨がないことがわかります。

豆ちしき アフリカゾウは草原にすみますが、アジアゾウはおもに森林にすみます。

ウマのなかま（ウマ目） ♠体の大きさ ◆体重 ♣分布 ★解説

アジアノロバ

ウマ科 ♠体長210cm 体高100〜142cm ◆200〜260kg ♣アジア（シリア、モンゴル、インドなど） ★かんそうしたあれ地に、小さな群れでくらしています。

モウコノウマ ウマ科

♠体長210cm 体高120〜146cm ◆350kg ♣中央アジア ★プシバルスキーウマともよばれます。草原でおすを中心とした群れをつくってすんでいます。

マレーバク バク科

♠体長185〜240cm 体高90〜105cm ◆250〜365kg ♣東南アジア（マレー半島、スマトラ島） ★湿地のまわりの森林に1頭ですんでいます。とても数がへり、絶滅が心配されています。

豆ちしき バクの鼻は上くちびるといっしょにのびたもので、木の枝などをたぐりよせます。

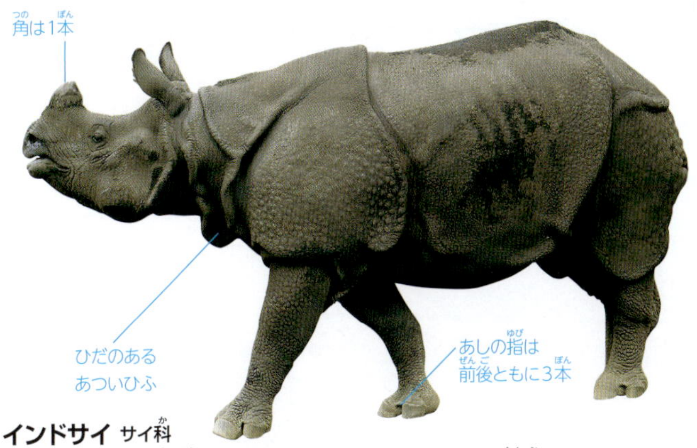

インドサイ サイ科

♠体長310～380cm 体高148～186cm ◆1600～2000kg ♣アジア南部（インドなど）★よろいのような皮ふにおおわれ、目立つひだがあります。

スマトラサイ

サイ科 ♠体長236～318cm 体高112～145cm ◆800～2000kg ♣東南アジア（タイ、スマトラ、インドネシアなど）★ほかのサイとちがい、体の表面にあらい毛が生えています。熱帯雨林に、1頭またはおす、めすのペアでくらしています。

ジャワサイ サイ科

♠体長300～320cm 体高155～175cm ◆1400～2000kg ♣東南アジア（ジャワ島西部）★おすには25～30cmの角が1本あります。めすの角はおすより短く、角がない場合もあります。

豆ちしき サイのなかまは草食で、木の葉や果実、草などを食べます。

センザンコウ、ヒヨケザルのなかま

♠体の大きさ ♦体重 ♣分布 ★解説

マレーセンザンコウ

センザンコウ科 ♠体長40〜64cm 尾長35〜56cm ♦約8kg ♣東南アジア ★おもにアリやシロアリを食べます。

耳のようなとっき

ミミセンザンコウ

センザンコウ科 ♠体長80〜100cm 尾長50〜60cm ♦7〜9kg ♣アジア ★尾の先の下はうろこがなく、木にのぼるときのすべり止めになっています。

マレーヒヨケザル

ヒヨケザル科 ♠体長33〜42cm 尾長22〜27cm ♦1〜1.75kg ♣アジア（タイ南部、マレー半島など） ★木の上で生活し、完全な夜行性です。

フィリピンヒヨケザル

ヒヨケザル科 ♠体長33〜38cm 尾長22〜27cm ♦1〜1.5kg ♣アジア（フィリピン南部） ★飛まくを使ってかっ空します。木の葉や果実を食べます。

豆ちしき ヒヨケザルは指の力が強くなく、木のぼりは苦手です。

コウモリのなかま（コウモリ目）

♠体の大きさ ◆体重
♣分布 ★解説

ジャワオオコウモリ オオコウモリ科
♠体長30cm 尾長0cm ◆645〜1100g ♣アジア東南部 ★花や果実を食べます。長距離を飛べます。

インドオオコウモリ
オオコウモリ科 ♠体長23cm 尾長0cm ◆900〜1600g ♣アジア南部、東南部 ★花や果実を食べます。昼は群れで木の枝にぶら下がって休んでいます。

キティブタバナコウモリ
ブタバナコウモリ科 ♠体長2.9〜3.3cm 尾長0cm ◆1.5〜3g ♣東南アジア ★1974年に発見された世界最小の哺乳類です。

デマレルーセットオオコウモリ
オオコウモリ科 ♠体長9.5〜12cm 尾長1〜1.8cm ◆45〜106g ♣アジア東南部 ★おもに果実を食べます。短くやわらかな毛でおおわれています。

豆ちしき　ジャワオオコウモリのつばさを広げた大きさは2m近くにもなります。

サルのなかま（サル目）

♠体の大きさ ◆体重 ♣分布 ★解説

スラウェシメガネザル メガネザル科

♠体長9.5～14cm 尾長20～26cm ◆110～120g ♣東南アジア ★おもに夜行動します。暗いところでもよく見えるように、大きな目をもっています。昆虫や小動物を食べます。

大きな目

ホソロリス ロリス科

♠体長23～26cm 尾長0cm ◆250～320g ♣アジア南部（スリランカ、インド南部）★手あしが細いサルで、スレンダーロリスともよばれます。夜行性で、林にすんでいます。

スローロリス ロリス科

♠体長25～37cm 尾長1～2cm ◆250～1600g ♣アジア東南部 ★動きのおそい（スロー）ロリス（オランダ語で「道化師」）ということからこの名前がつきました。花のみつや樹液をなめます。

トクモンキー オナガザル科

♠体長40～53cm 尾長48～60cm ◆4～5.5kg ♣アジア南部 ★群れをつくって生活し、植物の葉や実、昆虫などを食べています。

豆ちしき メガネザルのなかまは目を動かせませんが、首を左右180度回すことができます。

タイワンザル オナガザル科

♠体長40～55cm 尾長26～45cm ◆5～6kg ♣アジア（台湾）★山地や海岸地帯の岩山にすんでいます。果樹園や畑を荒らすことがあります。

アッサムモンキー オナガザル科

♠体長59～73cm 尾長14～46cm ◆7.9～15.0kg ♣アジア（ネパール～ベトナム、中国南部）★森林に生息し、木の実や葉、昆虫、小動物などを食べています。

アカゲザル オナガザル科

♠体長47～64cm 尾長19～31cm ◆4.4～10.9kg ♣アジア東南部 ★山地に群れをつくって生活しています。地上と木の上を同じくらいに利用します。

豆ちしき アカゲザルは実験動物としても使われています。

ブタオザル オナガザル科

♠体長47～60cm 尾長14～25cm ♦5～11kg ♣アジア東南部 ★尾が短く、ブタの尾のように見えるのでこの名前がつきました。

黒い

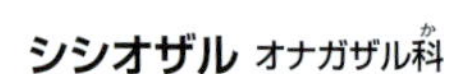

シシオザル オナガザル科

♠体長47～55cm 尾長28～35cm ♦3～10kg ♣アジア南部（インド） ★木の上でくらしています。尾の先にふさがあり、ライオンの尾ににていることからこの名前がつきました。

顔のまわりに白い毛

尾のさきにはライオンのようなふさ毛

長い毛

カニクイザル

オナガザル科 ♠体長41～65cm 尾長40～66cm ♦2.5～8.3kg ♣東南アジア ★海岸近くのマングローブ林にすんでいます。

目のまわりは白い

頭の毛は左右に分かれる

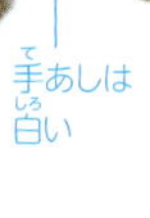

ボンネットモンキー オナガザル科

♠体長46～53cm 尾長50～56cm ♦3.9～6.79kg ♣アジア南部（インド） ★群れの大きさ、おすのリーダーがいることなどニホンザルとにた社会をつくっています。

テングザル

オナガザル科 ♠体長62〜75cm 尾長57〜67cm ◆10〜21.2kg ♣アジア東南部(カリマンタン島) ★天狗のお面のように長くとび出した大きな鼻が特徴です。木の葉や果実などを食べます。

クロザル

オナガザル科 ♠体長45〜57cm 尾長2.5cm ◆6.5〜10kg ♣アジア東南部(インドネシアのスラウェシ島) ★30頭ほどの群れをつくり、木の実や種子、昆虫などを食べてくらしています。

アカアシドゥクモンキー オナガザル科

♠体長60〜75cm 尾長55〜75cm ◆約14kg ♣東南アジア ★アカアシドゥクラングールともよばれます。あしの毛が赤茶色なのでこの名前がつきました。

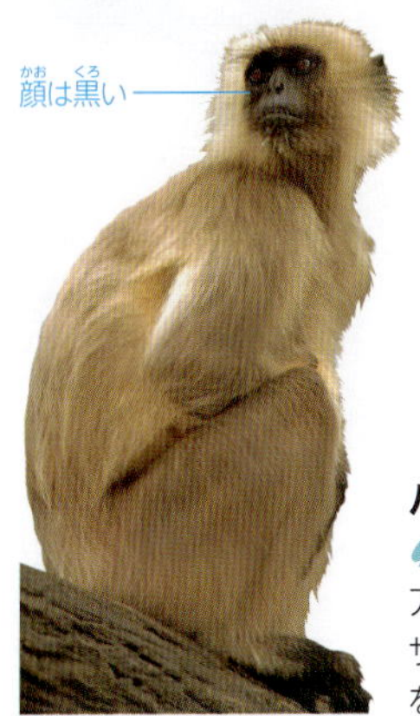

ハヌマンラングール オナガザル科

♠体長51〜108cm 尾長72.5〜109cm ◆11.2〜18.3kg ♣アジア南部、東南部 ★インドではとても大切にされているサルです。地上で生活することが多く、30頭前後の群れをつくります。

豆ちしき 「ハヌマン」とは、インドの神話に出てくる神の名前です。

キンシコウ

オナガザル科 ♠体長50～83cm 尾長51～84cm ◆10～18kg ♣アジア東部（中国） ★ゴールデンモンキー、チベットコバナテングザルともよばれます。

フランソワルトン

オナガザル科 ♠体長51～67cm 尾長81～90cm ◆約6kg ♣アジア東南部 ★木の葉や果実などを食べます。

長く白い毛
顔は黒い

ダスキールトン

オナガザル科 ♠体長48～68.5cm 尾長68.5～80.5cm ◆6.6～7.3kg ♣アジア東南部

★シロマブタザルともよばれます。木の上で生活し、木の葉を食べています。

シルバールトン

オナガザル科 ♠体長41～54cm 尾長69～72cm ◆5.7～6.6kg ♣アジア東南部 ★生まれたばかりの赤ちゃんはオレンジ色をしていますが、3か月ほどで親と同じ色になります。

フクロテナガザル

テナガザル科 ♠体長75～90cm 尾長0cm ♦8～12.5kg ♣アジア東南部 ★果実や木の葉、花などを食べています。のどに、声を出すとき大きくふくらむ共鳴ぶくろをもっています。

LIVE 発見!

フクロテナガザルは共鳴ぶくろをふくらませて、大きな声を出します。その声は2km先まで聞こえるといわれます。

シロテテナガザル テナガザル科

♠体長44～64cm 尾長0cm ♦4.4～6kg ♣アジア東南部 ★果実や木の実などを食べています。動物園などでもよく見られます。

フーロックテナガザル

テナガザル科 ♠体長44～64cm 尾長0cm ♦6～7kg ♣アジア東南部 ★果実や木の葉、昆虫などを食べています。最も北西に分布しているテナガザルです。

豆ちしき 「ルトン」とはマレー語で「サル」のことです。

アジルテナガザル テナガザル科 ♠体長44～64cm 尾長0cm ◆4.5～7.3kg ♣アジア東南部 ★体の色は、うすい茶色、こい茶色、黒に近いものと、さまざまです。果実や木の葉、昆虫などを食べます。

ワウワウテナガザル
テナガザル科 ♠体長44～64cm 尾長0cm ◆5～8kg ♣アジア東南部 ★「ワウワウ」と大きな声で鳴きます。めすにくらべておすは鳴くことが少ないようです。

ボウシテナガザル テナガザル科
♠体長44～64cm 尾長0cm ◆4～7kg ♣アジア東南部 ★こめかみからたれ下がるふさ毛がぼうしのように見えます。

スマトラオランウータン ヒト科

♠体長140cm（おす）90cm（めす）尾長0cm ◆90kg（おす）45kg（めす）♣東南アジア（スマトラ島北部）★ボルネオオランウータンにくらべて体、顔はやや細く、体毛は長くてうすい赤かっ色です。

ボルネオオランウータン

ヒト科 ♠体長140cm（おす）120cm（めす）尾長0cm ◆100kg（おす）50kg（めす）♣東南アジア（カリマンタン島）★おとなのおすの顔は丸く、体毛は黒っぽい赤かっ色です。毎日夕方に高い木の上に巣をつくります。

豆ちしき オランウータンとはマレー語で「森の人」という意味です。

ウサギ、ネズミのなかま

♠体の大きさ ◆体重
♣分布 ★解説

ヨーロッパノウサギ

ウサギ科 ♠体長48〜75cm 尾長2.8〜5.15cm ◆2.5〜7kg ♣ヨーロッパ、中央アジア ★草原にすみ、草を食べます。「不思議の国のアリス」に出てくるウサギのモデルといわれています。

アナウサギの分布

アナウサギ

ウサギ科 ♠体長38〜50cm 尾長4.5〜7.5cm ◆0.9〜2kg ♣ヨーロッパ、北アフリカ ★カイウサギの祖先です。地下に複雑なトンネルを掘って集団でくらしています。

ヨーロッパビーバー ビーバー科

♠体長83〜110cm 尾長30〜34cm ◆17〜31.7kg ♣ヨーロッパ、アジア★木の葉や枝を食べます。木の枝などでダムをつくり、できた池の中に巣をつくります。

豆ちしき アナウサギの赤ちゃんは、生まれたときに毛が生えていません。

タイワンリス リス科

♠体長19.9～22.4cm 尾長17～20.3cm ◆360g ♣台湾（伊豆大島、神奈川県などに移入）★ニホンリス（179ページ）よりも体が一回り大きいです。もとから日本にいた動物ではありませんが、伊豆大島や神奈川県の鎌倉などで野生化しています。

インドオオリス リス科

♠体長43cm 尾長45cm ◆2kg ♣インド ★キチキチという声でコミュニケーションをとります。ヒョウなどがいると、まるでサルのように鳴き、けいこくします。

ミケリス リス科

♠体長20～26.7cm 尾長20.2～27.3cm ◆350g ♣東南アジア（タイ南部、マレー半島～スマトラ、カリマンタン）★プレボストリスともよばれます。日中活動し、多くの時間を木の上ですごします。

豆ちしき ビーバーは、平たい尾を上下に動かして泳ぎます。

アルプスマーモット リス科 ♠体長47〜52cm 尾長15〜20cm ♦2.8〜4.5kg ♣ヨーロッパ（イタリア、スイス、ドイツ）★秋には体重が春の1.5倍にもなり、冬眠にそなえます。

目のまわりに白いもよう

耳は小さい

尾は短い

ホッキョクジリス
リス科 ♠体長21.59〜34.9cm 尾長7.6〜15.2cm ♦450〜1125g ♣北アメリカ（カナダ北西部、アラスカ）、アジア北東部 ★夏の日中には、砂あびや日光浴もします。9月からよく年の4〜5月まで冬眠します。

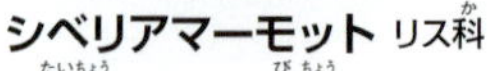

シベリアマーモット リス科
♠体長50〜60cm 尾長14〜21cm ♦7kg ♣アジア（アルタイ山脈〜中国東北部）★荒れ地の地中にトンネルを掘ってすんでいます。

ホッキョクジリスの分布

クビワレミング キヌゲネズミ科
♠体長10～15.7cm 尾長1～2cm ◆30～120g ♣北アメリカ北部～シベリア、ヨーロッパ北東部 ★木のないツンドラ地帯にすみ、乾燥した砂地にトンネルを掘ります。

ノルウェーレミング
キヌゲネズミ科 ♠体長7～15cm 尾長1～1.9cm ◆40～130g ♣ヨーロッパ（スカンジナビア～白海沿岸） ★タビネズミともよばれます。山地にすみ、岩やコケの下にトンネルを掘り、群れですんでいます。

ヨーロッパヤマネ ヤマネ科
♠体長6～9cm 尾長5.5～8cm ◆15～30g ♣ヨーロッパ、西アジア ★小鳥の巣などをもとに、玉形の巣を高さ5m以上の場所につくります。

タケネズミ
メクラネズミ科 ♠体長12～15cm 尾長3～4cm ◆50～120g ♣アジア東南部（中国南部～マレー半島、スマトラ島） ★タケの根を食べることからこの名前がつきました。夜間はしばしば地上に現れ、タケにのぼったりもします。

豆ちしき レミングは5～10年ごとに大発生し、食べ物をもとめて集団移動します。

キタミユビトビネズミ

トビネズミ科 ♠体長10.5〜15.7cm 尾長14〜19cm ◆70〜85g ♣アジア(イラン〜東アジア) ★やぶやマツの木でおおわれた砂地にすんでいます。

キタミユビトビネズミは、ジャンプするとき尾で体のバランスをとります。

体の2倍もある長い尾

バルチスタンコミミトビネズミ

トビネズミ科 ♠体長約3.6cm 尾長約7.2cm ◆3.7g ♣アジア(パキスタン) ★ピグミージャーボアともよばれます。砂漠にすみ、カンガルーのようにとびはねて走ります。

マレーヤマアラシ

ヤマアラシ科 ♠体長40〜60cm 尾長6.4〜11.4cm ◆6.35〜7.25kg ♣東南アジア(タイ、マレー半島、シンガポールなど) ★危険がせまったときには尾をふるわせ、はりで音を立てて敵をおどします。

豆ちしき ヤマアラシは、敵がにげないときは、はりを立てて後ろ向きに突進します。

トガリネズミ、ハリネズミのなかま

♠体の大きさ ◆体重 ♣分布 ★解説

ロシアデスマン

モグラ科 ♠体長18～21cm 尾長17～21cm ◆100～220g ♣ロシア（ボルガ川、ドン川流域） ★モグラ科で最大です。水辺にすみ、指の間には水かきがあります。

ピレネーデスマン

モグラ科 ♠体長11～13.5cm 尾長13～15.5cm ◆35～80g ♣ヨーロッパ（ピレネー地方） ★水生のモグラです。けい流で魚や水生昆虫、エビ、カニなどを食べます。

ヨーロッパモグラ

モグラ科 ♠体長11.3～15.9cm 尾長2.5～4.0cm ◆72～128g ♣ヨーロッパ中部 ★地中に複雑なトンネルを掘ってすみ、地上へはほとんど出てきません。

オオミミハリネズミ

ハリネズミ科 ♠体長15～28cm 尾長1.7～2.3cm ◆220～350g ♣アジア、アフリカ ★最小のハリネズミのひとつです。直径6～13cm、深さ150cmほどのあなを掘ってすんでいます。

オオミミハリネズミの分布

豆ちしき デスマンのなかまは（とくに後ろあしに）水かきがはったつしています。

ツパイのなかま（ツパイ目）

♠体の大きさ ◆体重 ♣分布 ★解説

コモンツパイ ツパイ科 ♠体長16～21cm 尾長12～20cm ◆180g ♣アジア東南部（中国南西部～インドネシア） ★林の地面をおもな活動の場としていますが、木のぼりもうまいです。

オオツパイ
ツパイ科 ♠体長22cm 尾長16cm ◆220g ♣アジア東南部（カリマンタン島、スマトラ島） ★ボルネオツパイともよばれます。木の上にすんでいますが、えものをさがして地上でも活動します。

ジャワツパイ ツパイ科
♠体長14～23cm 尾長16cm ◆100～300g ♣インドネシア（バリ島、ジャワ島、スマトラ島西部など） ★ふだんは熱帯雨林の樹上で生活していますが、ときどき地上におりてきます。

豆ちしき ツパイは、以前はモグラやサルのなかまにふくまれていたこともあります。

北のものほど大きくなる

アムールトラ
♠体長210〜250cm ◆280kg
♣アジア東北部
(アムール地方)

ベンガルトラ
♠体長180〜200cm ◆150kg
♣アジア南部
(インド〜ネパール)

トラの分布

スマトラトラ
♠体長160〜170cm ◆125kg
♣アジア南東部(スマトラ島)

トラは、北にすんでいるものほど体が大きくなります。これは、体が大きいほど体重のわりに体の表面積が小さくなるので熱がにげにくく、寒い北の地域でくらすのにつごうがいいからです。

クマのなかまも、暑いところにすんでいるマレーグマなどとくらべて、北にすむホッキョクグマやヒグマはずっと大型になっています。

このように、同じなかまでも北のほうにすむものほど大きくなるけいこうがあることを、「ベルクマンの法則」といいます。

北アメリカの動物

北アメリカ大陸は西に山岳地帯が、東には広大な草原と森林が広がり、北部は寒帯のツンドラ、南部は亜熱帯気候です。ユーラシア大陸と共通した動物が見られる一方で、プロングホーンやキタオポッサムのような固有の種も見られます。また、南西部には南アメリカから分布を広げてきたジャガーやアルマジロなどが見られます。

アメリカバイソン

ピューマ ネコ科
♠体長105～196cm 尾長66～79cm ◆67～103kg ♣北アメリカ中部・西部～中央・南アメリカ ★クーガー、アメリカライオンともよばれます。木のぼりや泳ぎが得意です。

ボブキャット ネコ科
♠体長65～105cm 尾長11～19cm ◆4～16kg ♣北アメリカ（カナダ～メキシコ） ★オオヤマネコににていますが、オオヤマネコより小さいです。平原や荒れ地にすんでいます。

カナダオオヤマネコ ネコ科 ♠体長80～100cm 尾長5～14cm ◆5～18kg ♣北アメリカ（アラスカ、カナダ、アメリカ合衆国北部） ★寒い地方の森林にすみ、おもに地上で狩りを行います。深い毛におおわれた長いあしで、雪の中も動きまわれます。

豆ちしき 「北アメリカの動物」には、中央アメリカの動物も掲載しています。

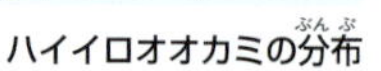
ハイイロオオカミの分布

ハイイロオオカミ
イヌ科 ♠体長82～160cm 尾長32～56cm ◆18～80kg ♣ユーラシア（ヨーロッパ～インド）、北アメリカ（アラスカ、カナダ）★イヌ科最大の動物で、おす、めすのペアと、その家族からなる7～13頭の群れで行動します。

アメリカアカオオカミ
イヌ科 ♠体長100～130cm 尾長30～42cm ◆20～40kg ♣北アメリカ南東部 ★夜行性ですが、冬は昼間も活動します。

コヨーテの分布

コヨーテ **イヌ科**
♠体長75～100cm 尾長30～40cm ◆7～20kg ♣北アメリカ～中央アメリカ ★草原にすみ、おすとめすのペアやなかまと組んでリレー式にえものを追います。

キットギツネ

イヌ科 ♠体長37～50cm 尾長22～33cm ♦1.8～2.3kg ♣北アメリカ（アメリカ合衆国西部～メキシコ北部の砂漠地帯） ★北アメリカのキツネのなかでは最大で、耳は7.5cm以上あります。プレーリードッグのすてたあなを利用することがあります。

ハイイロギツネの分布

ハイイロギツネ

イヌ科 ♠体長48～69cm 尾長27～45cm ♦3～9kg ♣北アメリカ（カナダ南部）～南アメリカ ★岩場や木の多い場所にすみます。木のぼりが得意です。

ホッキョクギツネ

イヌ科 ♠体長45～68cm 尾長25～43cm ♦1.9～9kg ♣ヨーロッパ、アジアと北アメリカの北極圏 ★毛の色は季節によってかわり、夏には灰かっ色ですが、冬にはまっ白になります。

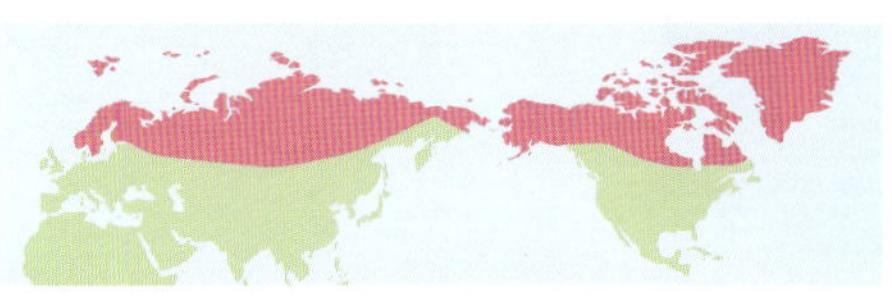

ホッキョクギツネの分布

豆ちしき ハイイロギツネは「キノボリギツネ」ともよばれます。

ホッキョクグマ

クマ科 ♠体長180〜250cm 尾長7〜13cm ◆150〜800kg ♣北極海沿岸、アジア、ヨーロッパの流氷のある地域、北アメリカ北部 ★シロクマともよばれます。地上最大の肉食動物で、泳ぎもうまいです。ういた氷を利用して、かくれながらアザラシなどをおそいます。

ホッキョクグマの分布

ハイイログマ

クマ科 ♠体長180〜210cm 尾長9〜11cm ◆110〜680 kg ♣北アメリカ北部内陸部 ★内陸にすむヒグマのなかまで、毛の色が灰色をおびています。グリズリーベアともよばれます。

アメリカクロクマ クマ科

♠体長150〜180cm 尾長12cm ◆92〜270 kg ♣北アメリカ（アラスカ、カナダ、アメリカ合衆国、メキシコ北部） ★木のぼりがうまく、性質はおとなしいクマです。

アライグマの分布

アライグマ アライグマ科
♠体長41～60cm 尾長20～41cm ♦4～28kg ♣北アメリカ(カナダ南部)～中央アメリカ ★水辺の森林やしげみにすみ、夜に食べ物をさがします。

カニクイアライグマの分布

カニクイアライグマ
アライグマ科 ♠体長40～60cm 尾長34～40cm ♦3～8kg ♣中央アメリカ(コスタリカ、パナマ)～南アメリカ北東部 ★アライグマにくらべてあしや尾が細長く、毛もまばらです。

クロアシイタチ イタチ科
♠体長38～50cm 尾長11～15cm ♦764～1078g ♣北アメリカ ★草原にすみ、細長い体で、プレーリードッグの巣あなに入りこみ、プレーリードッグをつかまえます。

豆ちしき アライグマは、日本でも野生化して問題となっています。

アメリカミンク

イタチ科 ♠体長30～43cm 尾長12～23cm ◆680～2300g ♣北アメリカ、日本（北海道で野生化） ★夜行性で泳ぎが得意です。

クズリ

イタチ科 ♠体長65～105cm 尾長17～26cm ◆7～32kg ♣ヨーロッパ北部～アジア、北アメリカ ★クマのようにがっちりとした体つきをしていて、性質もあらい動物です。

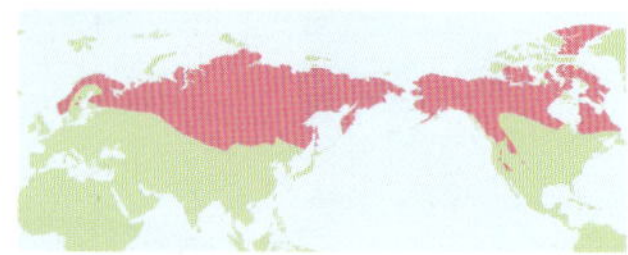

クズリの分布

アメリカアナグマ

イタチ科 ♠体長42～72cm 尾長10～16cm ◆4～12kg ♣北アメリカ（カナダ南部～メキシコ中部） ★あちこちにあなを掘るので、ウシやウマの放牧地ではきらわれています。

カナダカワウソ イタチ科 ♠体長66〜76cm 尾長30〜44cm ◆4.5〜11kg ♣北アメリカ ★北アメリカ大陸に広く分布するカワウソです。

シマスカンク スカンク科 ♠体長33〜46cm 尾長18〜26cm ◆700〜2500g ♣北アメリカ（カナダ南部〜メキシコ北部） ★敵におそわれると、おしりからとてもくさい液をとばします。

ヒガシマダラスカンク スカンク科 ♠体長23〜34cm 尾長11〜23cm ◆450〜910g ♣北アメリカ〜中央アメリカ ★このスカンクだけは、くさい液をとばすとき、さか立ちをします。

豆ちしき スカンクは、数mはなれている相手にもくさい液を命中させるといわれています。

ウシのなかま（ウシ目）

♠体の大きさ ◆体重 ♣分布 ★解説

アメリカバイソン ウシ科

♠体長240〜380cm 体高200cm ◆500〜1270kg ♣北アメリカ ★バッファローともよばれます。群れで草原にすんでいます。絶滅寸前まで数がへりましたが、現在は36万頭ほどにふえました。

シロイワヤギ ウシ科

♠体長120〜160cm 体高90〜120cm ◆46〜140kg ♣北アメリカ ★シロカモシカともよばれます。山地に5〜6頭の群れですんでいます。

ジャコウウシ ウシ科

♠体長190〜230cm 体高120〜151cm ◆200〜410kg ♣北アメリカ北部 ★ツンドラ地帯にすみ、オオカミなどにおそわれると、群れで円陣をつくって身を守ります。

豆ちしき ジャコウウシのおすは、目の下からにおいのある液体を出します。

ビッグホーン ウシ科 ♠体長142〜170cm 体高80〜112cm ♦45〜135kg ♣北アメリカ（カナダ、アメリカ、メキシコ）★オオツノヒツジともよばれます。山地に群れをつくってすんでいます。おすの角は一回転して長さが1mにもなり、この角をぶつけ合ってたたかいます。

ドールシープ ウシ科
♠体長122〜167cm（おす）体高81〜102cm ♦57〜120kg ♣北アメリカ（アラスカ、カナダ）
★寒い山岳地帯や極地に、おすとめすが別の群れをつくってくらしています。

枝角
白い帯
白い帯

プロングホーン
プロングホーン科 ♠体長100〜150cm 体高81〜104cm ♦36〜70kg
♣北アメリカ ★エダツノレイヨウともよばれます。かつては、大草原（プレーリー）に3500万頭もいたといわれてますが、現在は約1万3000頭とみられています。

豆ちしき 「プロングホーン」とは、枝角の意味です。

オジロジカ シカ科

♠体長170～195cm 体高90～100cm ♦65～90kg ♣北アメリカ～南アメリカ北部 ★森林に2～4頭ほどの群れをつくります。尾が白いのが特徴です。

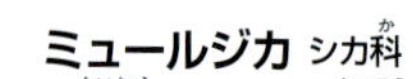

ミュールジカ シカ科

♠体長160～195cm 体高90～106cm ♦65～100kg ♣北アメリカ ★森林などに2～6頭ほどの小さな群れをつくります。

角は複数に枝分かれする

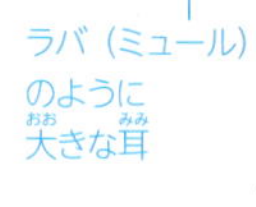

長い角

尾は短い

冬毛では首のまわりの毛が長くなる

アメリカアカシカ

シカ科 ♠体長195～272cm 体高約160cm ♦200～320kg ♣北アメリカ ★ワピチ、キジリジカ、エルク（アメリカエルク）ともよばれます。群れをつくり、冬はとくに大群になります。

豆ちしき ラバとは、おすのロバとめすのウマの子どものことです。

ウサギのなかま（ウサギ目）

♠体の大きさ ◆体重
♣分布 ★解説

耳は小さい

アメリカナキウサギ ナキウサギ科

♠体長15.7～21.6cm 尾長0cm ◆約110g ♣北アメリカ ★岩の多い草原や森林にすみ、草や木の葉、花などを食べています。

耳が大きい

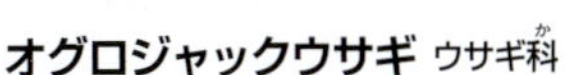

オグロジャックウサギ ウサギ科

♠体長46～63cm 尾長5～11cm ◆約4kg ♣北アメリカ北部 ★大型のウサギで耳の長さは20cmにもなります。日中は草むらにひそみ、夜活動します。

背中はこい茶色

尾は黒い

トウブワタオウサギ ウサギ科

♠体長38～46cm 尾長4～6.5cm ◆0.9～1.8kg ♣北アメリカ東部 ★やぶや林で夕方から朝まで活動します。木の葉や小枝、花、草などを食べます。

メキシコウサギ

ウサギ科 ♠体長27～36cm 尾長1.8～3.1cm ◆0.4～0.6kg ♣中央アメリカ（メキシコ） ★メキシコのポポカテペトル山の周辺にだけすみ、草や木の皮などを食べています。

豆ちしき ウサギの耳は、体温を下げる役目もしています。

ネズミのなかま（ネズミ目）

♠体の大きさ ◆体重
♣分布 ★解説

アメリカビーバー ビーバー科

♠体長63.5～76.2cm 尾長22.9～25.4cm ◆13.5～27kg ♣北アメリカ ★鼻のあなは水中でとじることができます。かじり倒した木や枝、石、土を使ってダムをつくります。

トウブハイイロリス

リス科 ♠体長25～30cm 尾長20～23.5cm ◆400～710g ♣北アメリカ東部 ★どんぐりやマツの実を土の中にうめる習性があり、冬に食べ物が不足したときに食べます。

カリフォルニアジリス

リス科 ♠体長33～50cm 尾長13～23cm ◆280～738g ♣アメリカ、メキシコ ★地下にトンネルを掘ってくらしています。木の実や昆虫などを食べます。

豆ちしき ビーバーは、危険がせまると平らな尾で水面をたたいて家族に知らせます。

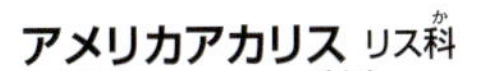

アメリカアカリス リス科

♠体長16.5～23cm 尾長9～16cm ◆140～310g ♣北アメリカ ★種子や木の実などを食べてくらしています。

体は赤茶色

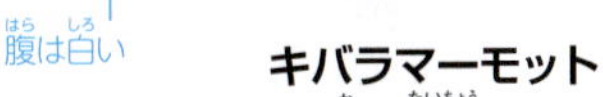

キバラマーモット

リス科 ♠体長45～57cm 尾長13～22cm ◆2.2～4.50kg ♣北アメリカ西部 ★山のふもとから標高2200mくらいまでの山地の岩場にすんでいます。

目の間に白いはん点

顔と鼻先は黒い

耳は小さい

尾の先が黒い

オグロプレーリードッグ

リス科 ♠体長28～35cm 尾長8.2～11cm ◆900～1400g ♣北アメリカ ★草原（プレーリー）にトンネルを掘って巣とし、群れをつくって生活しています。

シロアシマウス キヌゲネズミ科

♠体長9～11cm 尾長6～10cm ◆14～31g ♣北アメリカ・中央アメリカ ★あしが白いことからこの名前がつきました。ふつう夜行性で、草の種子や昆虫など食べます。

シロアシマウスの分布

豆ちしき プレーリードッグは、巣あなの入り口に立って見はりをします。

トウブホリネズミ

ホリネズミ科 ♠体長14～22.9cm 尾長5.1～11.4cm ◆127～354g ♣北アメリカ中部 ★砂地にあなを掘ってくらしています。草の根や球根を食べます。

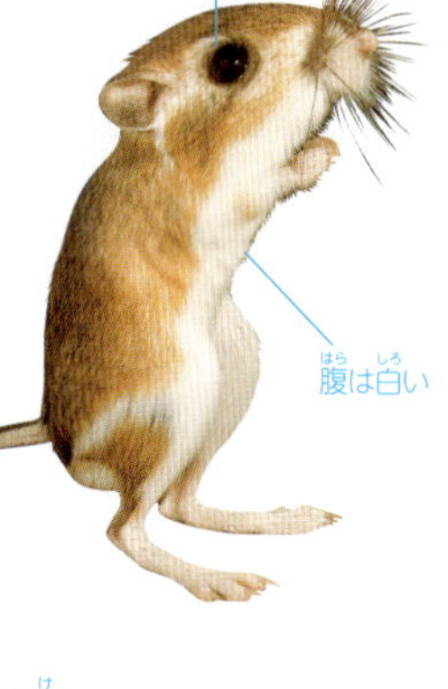

オードカンガルーネズミ

ポケットマウス科

♠体長10.8～11.9cm 尾長10～16.3cm ◆50～96g ♣北アメリカ西部 ★砂漠に巣あなを掘ってくらしています。夜、外に出てピョンピョンととびはねて移動します。

カナダヤマアラシ

アメリカヤマアラシ科

♠体長50～85cm 尾長15～30cm ◆3.5～7kg ♣北アメリカ、★木のぼりが得意で、1頭で森林にすんでいます。木の葉や枝を食べます。

豆ちしき カンガルーネズミは水をほとんど飲まず、食べ物の植物の種子から水分をとります。

ホシバナモグラ モグラ科

♠体長10〜12.7cm 尾長7.6〜8.9cm ♦40〜80g ♣北アメリカ（カナダ南部〜メキシコ北部）★鼻先がイソギンチャクの触手のように分かれ、土の中のミミズなどをさぐるのに役立っています。

キタオポッサム

オポッサム科 ♠体長39〜48cm 尾長22.5〜53.5cm ♦4〜5.5kg ♣北アメリカ・中央アメリカ ★森林や草原、農地などにすみ、危険を感じると死んだふりをします。小動物や小鳥、昆虫、果実などを食べます。

キタオポッサムの分布

豆ちしき キタオポッサムは、一度に56ぴきもの子どもを産んだという記録があります。

動物地理区と移行帯

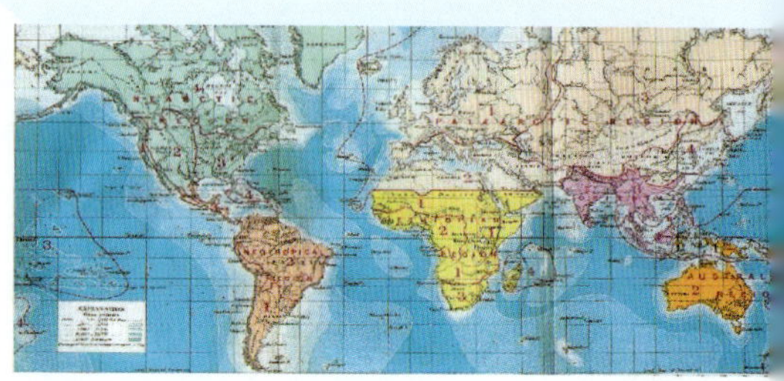

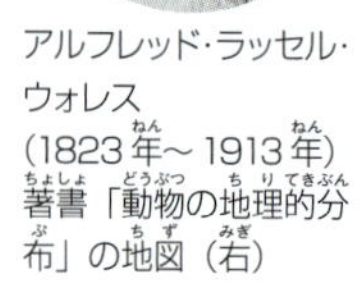

アルフレッド・ラッセル・ウォレス
(1823年～1913年)
著書「動物の地理的分布」の地図（右）

イギリスの博物学者アルフレッド・ラッセル・ウォレスは、気候と地形によって生物の移動がさまたげられる境界線を決め、世界の陸地を旧北区、旧熱帯区（エチオピア区）、東洋区、新北区、新熱帯区、オーストラリア区とよばれる、6つの大きい区域に分けました。旧北区や新北区にいるクマは新熱帯区にはいない、逆にキリンやカバなどは旧熱帯区にしかいないなど、各区域にすんでいる動物は大きく異なります。

しかし、地図の上ではその境界ははっきりした線で分けられていますが、実際には動物は移動しますから、区域と区域の間ではすんでいる動物の種類が変わっていきます。このような地域を「移行帯」と呼びます。

ウォレスは東洋区とオーストラリア区の境界をバリ～ロンボク両島の間としましたが、ここは典型的な移行帯で、このような移行帯は世界各地にあります。

旧北区と旧熱帯区（エチオピア区）の境界のサハラ砂漠、旧北区と東洋区の境のヒマラヤ山地、新北区と新熱帯区の境となっているパナマ地峡なども移行帯です。そのためたとえば中央アメリカでは、本来北アメリカの動物であるアライグマ、コヨーテや南アメリカのオオアリクイ、ジャガーなど新北区と新熱帯区の両方の動物が見られるのです。

また、日本列島は旧北区にぞくしていますが、北海道は旧北区、沖縄など南西諸島は東洋区で、本州・四国・九州は旧北区と東洋区の移行帯と考える学者も多くいます。

南アメリカの動物

アマゾン川流域の熱帯雨林を中心に、西にはアンデス山脈、南には草原（パンパ）、さらにその南にはパタゴニアの寒冷な平原が広がっています。熱帯雨林にはサルとナマケモノが、地上部にはバクやアルマジロなどが見られます。ジャガーやオセロット、タテガミオオカミなども南アメリカの動物です。アマゾン川周辺の湿原にはカピバラが、山地にはビクーニャやテンジクネズミが、草原にはオオアリクイが生息しています。

ネコのなかま（ネコ目）

♠体の大きさ ◆体重 ♣分布 ★解説

LIVE 発見! ジャガーははんもんの中に黒い点がありますが、ヒョウにはありません。

ジャガー　ヒョウ

ジャガー ネコ科

♠体長112〜185cm 尾長45〜75cm ◆36〜158kg ♣北アメリカ南部、中央・南アメリカ
★アメリカ大陸にすむ大型ネコのなかまで、森や川ぞいの林にすんでいます。

マーゲイの分布

マーゲイ ネコ科

♠体長46〜79cm 尾長33〜51cm ◆2.6〜3.9kg ♣北アメリカ南部〜南アメリカ ★オセロットより小さく、長い尾や目の大きさで区別できます。

大きな目

長い尾

オセロット ネコ科

♠体長55〜100cm 尾長30〜45cm ◆11〜16kg ♣北アメリカ〜南アメリカ ★木のぼりが得意で、日中は木の上でくらします。

オセロットの分布

豆ちしき ジャガーはほかの大型ネコのなかまとちがい、泳ぎが得意です。

ジャガランディ ネコ科

♠体長55〜77cm 尾長33〜60cm ◆4.5〜9kg ♣北アメリカ〜南アメリカ ★黒、赤、灰色の3つの毛色があります。

タテガミオオカミ イヌ科

♠体長95〜132cm 尾長28〜49cm ◆20〜26kg ♣南アメリカ南部 ★黒いたてがみのような長い毛が生えています。あしがとても速く、えものにすばやく近づき、とらえます。

カニクイイヌ イヌ科

♠体長60〜70cm 尾長28〜30cm ◆5〜8kg ♣南アメリカ北東部 ★サバンナやそのまわりの森林にすんでいます。カニを食べると考えられたことから、この名がつきました。

ヤブイヌの分布

ヤブイヌ イヌ科

♠体長57〜75cm 尾長12〜15cm ◆4〜8kg ♣中央・南アメリカ ★ずんぐりした体に短いあしは、やぶをくぐりぬけるのに都合のよい体型です。泳ぎもうまいです。

メガネグマ クマ科

♠体長120〜200cm 尾長7〜10cm ◆60〜175 kg（おす）、35〜65kg（めす） ♣南アメリカ（ベネズエラ、コロンビア、エクアドル、ペルー、ボリビア、アルゼンチン） ★夜行性で、日中は岩あなや木のほらで休んでいます。

キンカジュー アライグマ科

♠体長40〜76cm 尾長39〜57cm ◆1.4〜4.6kg ♣北アメリカ（メキシコ南部）〜南アメリカ（ブラジル中央部） ★森林にすみ、長い舌で、花のみつやはちみつをなめます。

キンカジューの分布

豆ちしき ヤブイヌのめすは逆立ちをしておしっこをします。

ハナジロハナグマ アライグマ科

♠体長43〜66cm 尾長22〜68cm ◆3.5〜6kg ♣北アメリカ(アメリカ合衆国)〜中央アメリカ(パナマ) ★木のぼりが得意で、おもに森林でくらしています。

タイラ イタチ科

♠体長56〜68cm 尾長37〜47cm ◆4〜5kg ♣北アメリカ(メキシコ)〜南アメリカ(アルゼンチン北部、トリニダード島) ★森林や平原にすみ、すばしこく、木のぼりも泳ぎもうまいです。

オオカワウソ イタチ科

♠体長86〜140cm 尾長33〜100cm ◆22〜34kg ♣南アメリカ ★カワウソのなかまでいちばん大きく、はば広くて平らな尾をもっています。

豆ちしき ハナグマはその名の通り鼻が長く、よく動かすことができます。

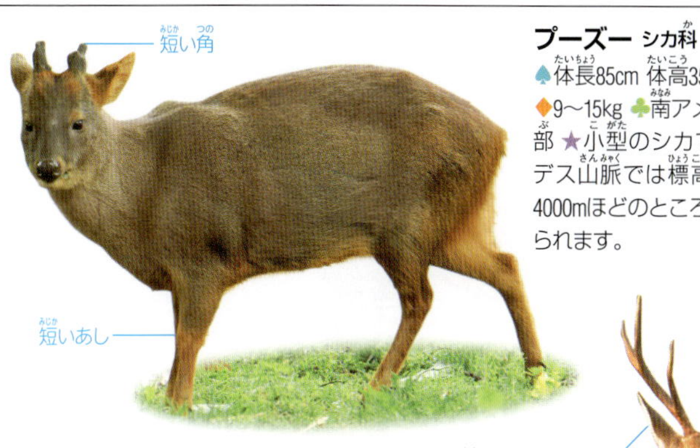

プーズー シカ科
♠体長85cm 体高35～38cm ◆9～15kg ♣南アメリカ南部 ★小型のシカで、アンデス山脈では標高3000～4000mほどのところまで見られます。

パンパスジカ
シカ科 ♠体長110～140cm 体高70～75cm ◆25～40kg ♣南アメリカ南部 ★ベゾアールジカともよばれます。毛皮を目的に乱かくされ、1860年から11年間に約200万頭分の毛皮が輸出されたといわれています。

角は小さく目立たない
赤茶色の体
白い

アカマザマ
シカ科 ♠体長70～130cm 体高69～71cm ◆16～25kg ♣南アメリカ、パナマ（サンホセ島） ★熱帯雨林に広く分布し、川の近くにすんでいます。

豆ちしき アカマザマは木の葉や実のほかに土も食べます。

ラマ ラクダ科
♠体長153〜200cm 体高100〜125cm ◆130〜155kg ♣南アメリカ ★リャマともよばれます。グアナコを飼いならしたものともいわれますが、そうではないと考える学者もいます。

あしに「たこ」がある

グアナコ ラクダ科
♠体長153〜200cm 体高90〜125cm ◆80〜120kg ♣南アメリカ ★標高4000m以下の乾燥した草原にすんでいます。毛皮を目的に狩りが行われています。

あしに「たこ」はない

アルパカ
ラクダ科 ♠体長125〜151cm 体高80〜100cm ◆55〜65kg ♣南アメリカ（ペルー南部、ボリビア、アルゼンチン北部） ★標高4200〜4800mの高地にすみます。毛をとるために飼われます。

ビクーニャ ラクダ科
♠体長125〜190cm 体高70〜110cm ◆35〜65kg ♣南アメリカ（チリ） ★標高3500m以上の半乾燥地帯の草原に、15〜20頭の群れでくらしています。

♠体の大きさ ◆体重 ♣分布 ★解説

チャコペッカリー

ペッカリー科 ♠体長96～117cm 体高52～69cm ◆30～43kg ♣南アメリカ ★タルガともよばれます。長い間、化石だけが知られていましたが、1974年にパラグアイで生きたものが発見されました。

クビワペッカリー

ペッカリー科 ♠体長80～105cm 体高30～50cm ◆14～31kg ♣北アメリカ～南アメリカ ★砂漠や森林に、5～15頭ぐらいの群れですんでいます。

クビワペッカリーの分布

クチジロペッカリー

ペッカリー科 ♠体長95～120cm 体高40～60cm ◆25～40kg ♣中央・南アメリカ ★50～100頭にもなる大きな群れをつくり、森林にすんでいます。

豆ちしき ペッカリーには、イノシシのような長いきばはありません。

ウマのなかま（ウマ目）

♠体の大きさ ◆体重 ♣分布 ★解説

バクの子どもには、イノシシの子どものような白いしまもようがあります。

アメリカバク

バク科 ♠体長176～215cm 体高77～110cm ◆180～250kg ♣南アメリカ（ブラジルなど）★ブラジルバクともよばれます。森林や水辺のやぶにすみ、泳ぎもうまいです。

しりに毛がない

全身が黒い

口のまわりが白い

ヤマバク バク科

♠体長180cm 体高75～80cm ◆225～250kg ♣南アメリカ（北部アンデスの山岳地帯）★標高2000～4000mの高地の林ややぶにすんでいます。

ベアードバク

バク科 ♠体長198～202cm 体高120cm ◆300kg ♣中央アメリカ（メキシコ南部）～南アメリカ北部 ★チュウベイバクともよばれます。森林破壊や狩猟により数がへり、絶滅が心配されています。

豆ちしき 同じウマのなかまでも、バクはウマよりサイに近い動物です。

ウオクイコウモリ ウオクイコウモリ科

♠体長9.8 ～ 13.2cm 尾長2.5 ～ 2.8cm ◆70g ♣中央アメリカ（メキシコ西部、南部）～南アメリカ南部 ★超音波を発しながら飛び、魚を見つけると、長いつめのある後ろあしを水面につっこんで魚をとらえます。

ウオクイコウモリの分布

カエルクイコウモリ

ヘラコウモリ科 ♠体長7.6～8.8cm 尾長1.2～2.1cm ◆32g ♣中央アメリカ（メキシコ南部）～南アメリカ（ペルー東部、ボリビア、ブラジル南部）★上下のくちびるに、いぼのような出っぱりがたくさんあります。名前の通りカエルをとって食べます。

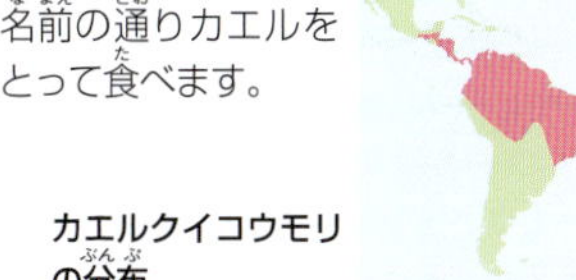

カエルクイコウモリの分布

豆ちしき ウオクイコウモリは、魚をつかまえるとすばやく口にくわえなおします。

サルのなかま（サル目）

♠体の大きさ ◆体重 ♣分布 ★解説

コモンマーモセット

キヌザル科（マーモセット科） ♠体長19〜22cm 尾長29.5〜35cm ◆300〜360g ♣南アメリカ ★昼行性で、南アメリカの森林や湿地にすんでいます。耳のまわりに白いふさ毛があります。

シルバーマーモセット

キヌザル科（マーモセット科） ♠体長18〜28cm 尾長26.5〜38cm ◆300〜360g ♣南アメリカ（ブラジル、ボリビア） ★全身が銀白色の毛におおわれています。耳に毛のないサルです。

シロガオマーモセット

キヌザル科（マーモセット科） ♠体長20cm 尾長27.5cm ◆320g ♣南アメリカ東岸 ★低地の林にすんでいます。顔からのどにかけて、白い毛が生えています。

ピグミーマーモセット

キヌザル科（マーモセット科） ♠体長12〜15cm 尾長17〜23cm ◆100〜120g ♣南アメリカ（ブラジル、ペルー、エクアドル） ★アマゾン川上流の森林にすんでいます。

豆ちしき コモンマーモセットは、小鳥のさえずりのような声で鳴きます。

ゲルディモンキー

キヌザル科(マーモセット科) ♠体長22cm 尾長28cm ◆500g ♣南アメリカ(ボリビア、ブラジル、ペルー、コロンビア) ★全身が黒い毛でおおわれたサルで、南アメリカの林にすんでいます。

全身が黒い

ワタボウシタマリン

キヌザル科(マーモセット科) ♠体長20〜29cm 尾長31〜42cm ◆350〜450g ♣南アメリカ(コロンビア、パナマ) ★ワタボウシパンシェともよばれます。頭に白くて長い、よく目立つ毛があります。

ライオンタマリン

キヌザル科(マーモセット科)
♠体長20〜33.5cm 尾長31.5〜40cm ◆380〜700g ♣南アメリカ(ブラジル) ★全身が黄金色のつやをもつ美しいサルです。

エンペラータマリン

キヌザル科(マーモセット科)
♠体長23〜26cm 尾長35〜41.5cm ◆300〜400g ♣南アメリカ(ブラジル、ペルー) ★皇帝(エンペラー)のような白くりっぱなひげをもっています。

豆ちしき ライオンタマリンは、ゴールデンライオンタマリンともよばれます。

ノドジロオマキザル

オマキザル科 ♠体長45cm 尾長55cm ◆3.9kg ♣南アメリカ、中央アメリカ ★10～20頭の群れで生活するサルで、雑食性です。

ノドジロオマキザルの分布

LIVE 発見!

フサオマキザル

オマキザル科 ♠体長45cm 尾長49cm ◆4.8kg ♣南アメリカ北部・中部 ★頭の両側にふさのような毛のもり上がりがあります。

フサオマキザルは、石で木の実を割るなど、いろいろなものを道具として使います。

シロガオオマキザル

オマキザル科 ♠体長46cm 尾長48cm ◆3.3kg ♣南アメリカ ★顔だけでなく頭全体が白い毛でおおわれています。

コモンリスザル

オマキザル科 ♠体長32cm 尾長41cm ◆0.7～1.3kg ♣南アメリカ北部 ★体の大きさや色がリスににているのでこの名前がつきました。

**ハゲウアカリ
（アカウアカリ、シロウアカリ）**

サキ科 ♠体長55cm 尾長15cm ◆3.5kg ♣南アメリカ（ブラジル、ペルー） ★顔が赤く、頭に毛がないサルです。体の毛の色からアカウアカリ、シロウアカリなどに分けることがあります。

クロウアカリ サキ科

♠体長30〜50cm 尾長12.5〜21cm ◆2.5〜4.0kg ♣南アメリカ（ブラジル、ベネズエラ） ★アマゾンの熱帯雨林に10〜30頭の群れでくらしています。昆虫や小動物、果実などを食べます。

豆ちしき ハゲウアカリの顔が赤いのは、毛細血管がうき出ているためです。

ダスキーティティ サキ科

♠体長35cm 尾長45cm ◆0.7～1.2kg ♣南アメリカ(ブラジル) ★アマゾンの熱帯雨林に、おす、めすのペアでくらしています。

ヨザル ヨザル科

♠体長27～47.5cm 尾長29～43cm ◆750～1025g ♣南アメリカ(ブラジル、ベネズエラ) ★真猿類のなかでただ1種、夜行性のサルです。

大きな目

長い尾

シロガオサキ サキ科

♠体長46cm 尾長48cm ◆3.3kg ♣南アメリカ ★シロアタマサキともよばれます。顔だけでなく、頭全体が白い毛でおおわれています。

アカクモザル クモザル科

♠体長33.5〜58.2cm 尾長52〜84cm ◆5〜9kg ♣中央アメリカ ★ジェフロイクモザルともよばれます。森林の木の上で群れでくらし、枝に尾を巻きつけたりして移動します。

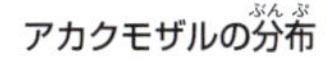

アカクモザルの分布

長い尾

目のまわりは白い

黒い

長い手あし

LIVE 発見!

クモザルの尾の内側には毛がなく、尾紋とよばれるしわ（矢印）があります。このしわが尾を枝などに巻きつけたときのすべり止めになり、体をささえるのに役立っているのです。

クロクモザル クモザル科

♠体長54cm 尾長81cm ◆5.5〜9.2kg ♣南アメリカ（ブラジル、ガイアナ、仏領ギアナ、スリナム）★アマゾン川周辺の熱帯雨林でくらしています。

豆ちしき クモザルが手をのばしてつななどをわたることをブラキエーションといいます。

マントホエザル

クモザル科 ♠体長48～67.5cm 尾長54.5～65.5cm ◆3.1～9.8kg ♣中央アメリカ～南アメリカ ★熱帯雨林の木の上に40頭ほどの群れでくらしています。

フンボルトウーリーモンキー

クモザル科 ♠体長53cm 尾長67cm ◆6.5～10.0kg ♣南アメリカ（ボリビア、ブラジル、コロンビア、エクアドル、ペルー） ★名前の通り体全体が羊毛のような（ウーリー）、やわらかい毛におおわれています。

ムリキ クモザル科

♠体長60cm 尾長79cm ◆9.5kg ♣南アメリカ（ブラジル） ★ウーリークモザルともよばれます。ブラジル南東部のごく限られた地域に分布しています。森林にすみ、ほとんど木の上でくらします。

長い手あし

平らな顔

子ども

豆ちしき マントホエザルは、のどの下の共鳴ぶくろを使って大きな声を出します。

ネズミのなかま（ネズミ目）

♠体の大きさ ◆体重
♣分布 ★解説

オマキヤマアラシ

アメリカヤマアラシ科 ♠体長44.4〜56cm 尾長33〜46cm ◆3.2〜5.0kg ♣南アメリカ（ベネズエラ、ガイアナ、ブラジルなど） ★日中は長い尾を木に巻きつけて、木の上で休んでいます。

マーラ テンジクネズミ科

♠体長60.5〜73cm 尾長4cm ◆8〜9kg ♣南アメリカ（ボリビア、パラグアイ、アルゼンチン） ★小さなシカににていて、とびはねながら走ります。

カピバラ

カピバラ科 ♠体長106〜134cm 尾長0cm ◆35〜66kg ♣南アメリカ東部 ★ネズミのなかまでは最大です。湖や川近くのジャングルにすんでいます。水かきがあり、泳ぎもうまいです。

豆ちしき カピバラはきけんを感じると水中ににげます。

チンチラ チンチラ科

♠体長25～26cm 尾長13～15.6cm ◆390～500g ♣南アメリカ（チリ北部） ★日中は岩などの間にある巣あなにひそみ、夜活動します。

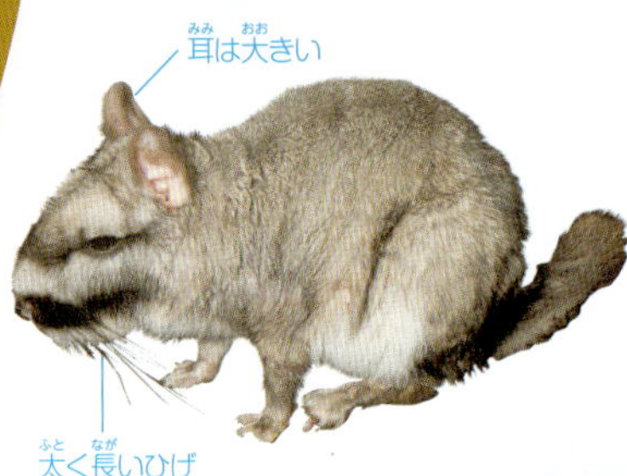

ビスカーチャ チンチラ科

♠体長47～66cm 尾長15～20cm ◆2～8kg ♣南アメリカ（パラグアイ、アルゼンチン） ★ビスカッチャともよばれます。地下のトンネルに1頭のおすにひきいられた15～30頭の群れですんでいます。

パカラナ パカラナ科

♠体長73～79cm 尾長20cm ◆10～15kg ♣南アメリカ（ボリビア、ブラジル、コロンビア、エクアドル、ペルー、ベネズエラ） ★山地の森にすみ、夜行性です。

明るい茶色

目から口の
まわりは白い

アグーチ アグーチ科

♠体長49～64cm 尾長1.3～3cm ◆3～5.9kg ♣南アメリカ（ブラジル、ガイアナ） ★果実や木の実、種子などを食べます。泳ぎが得意です。

パカの分布

パカ パカ科

♠体長60.2〜69.8cm 尾長1.0〜2.4cm ◆4.3〜10.5kg ♣南アメリカ、中央アメリカ ★森林の水辺に近い場所にすみ、泳ぎもうまいです。

耳は大きい

尾の先に長い毛

デグー デグー科

♠体長16.9〜21.2cm 尾長8.1〜13.8cm ◆170〜260g ♣南アメリカ（チリ） ★ひとつの巣あなに、ふつう1頭のおす、2〜3頭のめすと4〜6頭の子どもの家族でくらしています。

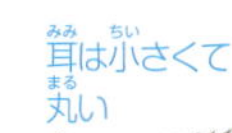

耳は小さくて丸い

長い尾には毛がない

大きな前歯（門歯）

後ろあしに水かき

ヌートリア ヌートリア科

♠体長43〜63.5cm 尾長25.5〜42.5cm ◆5〜17kg ♣南アメリカ ★湖や川などにすみ、多くの時間を水中ですごします。日本では、移入されたものが野生化して問題になっています。

豆ちしき アグーチはジャンプも得意で、5〜6mもジャンプします。

アリクイのなかま（アリクイ目）

♠体の大きさ ◆体重 ♣分布 ★解説

オオアリクイ アリクイ科

♠体長100～120cm 尾長65～90cm ◆25～35kg ♣南アメリカ ★森林や湿地、草原にすみ、日中活動しています。においをかぎわける能力は人間の約40倍もあり、大きな前あしのつめでアリ塚をこわし、細長い口をさしこみ、長い舌でシロアリやアリを食べます。子どもは母親の背中に乗って運ばれます。

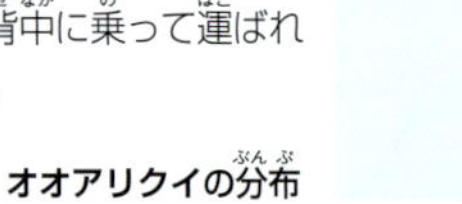

オオアリクイの分布

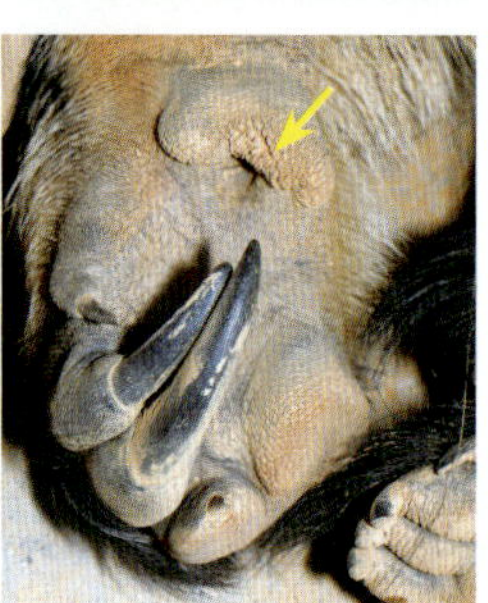

オオアリクイのあしの先には、大切なつめやあしがきずつかないようにしまっておくふくろがあります。

ヒメアリクイ ヒメアリクイ科

♠体長15～23cm 尾長18～30cm ◆300～500g ♣中央アメリカ～南アメリカ ★熱帯の森林にすみ、木の上でくらします。夜に、尾を木の枝に巻きつけながら、ゆっくりした動作で動きまわります。

ヒメアリクイの分布

豆ちしき オオアリクイは長い舌を1分間に100回以上出し入れしてアリをなめとります

タテガミナマケモノ

ミユビナマケモノ科 ♠体長50～54cm 尾長5cm ◆3.6～4.2kg ♣南アメリカ(ブラジル) ★森林にすみ、夜行性です。1頭でくらし、セクロピアなどの葉を食べます。

指は3本

指は2本

ホフマンナマケモノ

フタユビナマケモノ科 ♠体長54～70cm 尾長1.5～3cm ◆5～8kg ♣南アメリカ(ニカラグア～ペルーとブラジル) ★夜に活動し、1頭だけで生活します。おとなになるのに、めすは3年、おすは4～5年かかります。哺乳類の首の骨はふつう7個ですが、この種は6個しかありません。

ノドチャミユビナマケモノ

ミユビナマケモノ科 ♠体長50～70cm 尾長6～7cm ◆2.5～5.5kg ♣南アメリカ(ホンジュラス～アルゼンチン) ★熱帯の森林にすみ、朝や夕方に休むほかは日中も夜間も活動します。おもに木の上にいます。歩くのは得意ではありませんが、泳ぎはうまいです。

豆ちしき ナマケモノのなかまは、後ろあしの指は3本です。

アルマジロのなかま（アルマジロ目）

♠体の大きさ ♦体重 ♣分布 ★解説

オオアルマジロ

アルマジロ科
♠体長75～100cm 尾長50～55cm ♦19～32kg ♣南アメリカ（アルゼンチン、パラグアイ）★最大のアルマジロです。低地や草原にすみ、夜活動します。

頭
尾

LIVE 発見！ アルマジロのなかまのうち、完全に丸くなれるのはミツオビアルマジロだけです。

ミツオビアルマジロ

アルマジロ科 ♠体長35～45cm 尾長9cm ♦1.4～1.6kg ♣南アメリカ（ブラジル）★森林や草原にすみ、おもに夜活動します。よろいのような甲羅の下に空気をためて体温を保てるので、寒い冬でも活動できます。敵に出会うとボールのように丸まってしまいます。

ココノオビアルマジロの分布

耳が大きい
帯は9本
尾が長い

ココノオビアルマジロ

アルマジロ科 ♠体長35～57cm 尾長24～45cm ♦3～6kg ♣北アメリカ、中央アメリカ～南アメリカ ★草原やまばらな森林などにすみます。夜活動し、昼間は自分が掘った巣あなで休んでいます。

豆ちしき アルマジロの甲羅は、チャランゴという楽器に使われています。

オポッサムのなかま（オポッサム目）

♠体の大きさ ♦体重 ♣分布 ★解説

ヨツメオポッサム

オポッサム科

♠体長28～30cm 尾長28～35cm ♦800g ♣中央アメリカ、南アメリカ ★目の上に白いもようがあり、4つの目があるように見えます。森林の木の上でくらし、木の葉や草で巣をつくります。

ヨツメオポッサムの分布

オポッサムは子どもを育てるためのふくろがないため、子どもは母親の乳首にすいついてぶらさがります。（写真はハイイロジネズミオポッサムの子ども）

灰色っぽい茶色

ハイイロジネズミオポッサム

オポッサム科 ♠体長13～16cm 尾長6.5～7.5cm ♦400g ♣南アメリカ ★小屋や人家などにもすみつきます。

ひたいから背中、腰に黒い帯

白っぽい耳

シロミミオポッサム

オポッサム科 ♠体長41～60cm 尾長40～65cm ♦500～2000g ♣南アメリカ中部 ★草原から熱帯雨林までさまざまな場所にすんでいます。

丸い耳

大きな目のまわりは黒い

チロエオポッサム

ミクロビオテリウム目ミクロビオテリウム科

♠体長8～13cm 尾長9～13cm ♦16～42g ♣南アメリカ ★尾が長く、体と同じくらいあります。森林の木の上でくらしています。

ミクロビオテリウム目はチロエオポッサムだけのグループです。

ふくろ動物の大陸、オーストラリア

オオカンガルー

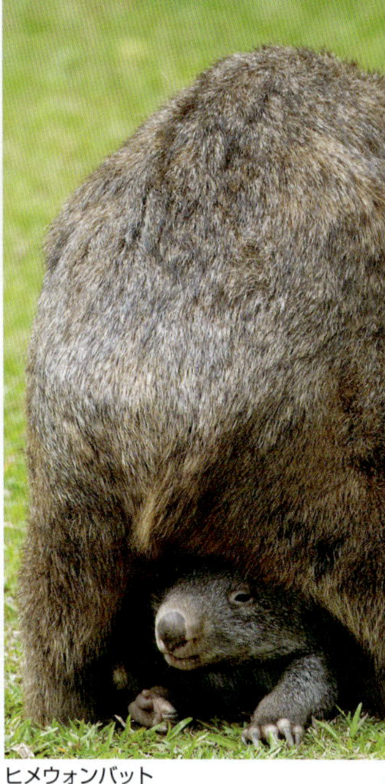

ヒメウォンバット

オーストラリアは周辺を海でかこまれた大陸で、北部のニューギニアと南部のタスマニアとは比較的最近まで陸続きでした。カンガルーなどふくろをもった有袋類と、カモノハシなど卵を産む単孔類が特徴です。

これらはもともと北アメリカの動物で、それが南アメリカから南極大陸経由でオーストラリアに分布を拡大してきたものと考えられています。その後、オーストラリアはほかの大陸とは海で切り離されてしまったため、有袋類は外敵におそわれることなく独自の進化をとげたのです。このように、その場所に合うように進化して広がっていくことを「適応放散」といいます。

有袋類は、これまでフクロネズミ目16科約280種にまとめられていましたが、最近の研究でオーストラリアのカンガルー目、フクロネコ目、バンディクート目、フクロモグラ目、アメリカ大陸のオポッサム目、ケノレステス目、ミクロビオテリウム目の7目に分けられました。

コアラ

全くちがう動物なのに、にているふしぎ

フクロモモンガはオーストラリアの森林にすんでいる動物で、名前の通りふくろ（育児のう）をもつカンガルーのなかまです。エゾモモンガは北海道の森林にすむネズミのなかまで、もちろんふくろはありません。しかし、どちらも木の実や昆虫などを食べ、飛まくを広げてかっ空ができます。このように全くちがう動物でもすんでいる場所や生活のしかたがにていると、すがたがにてくることを「収れん現象」といいます。

フクロモモンガ　カンガルーのなかま

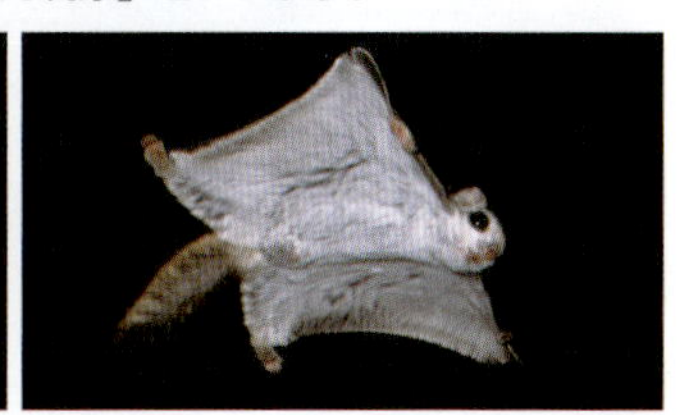

エゾモモンガ　ネズミのなかま

オーストラリアの動物

アカカンガルー

周辺を海で囲まれたオーストラリア大陸とその周辺の島々の動物は、ほかの大陸にはない独特の進化をとげました。北部の熱帯雨林にはクスクスのなかまが、東部の温帯森林にはコアラが、そして中央の平原にはカンガルーのなかまがはんえいしています。いずれもめすがふくろをもった動物で、有袋類とよばれています。

日本

オーストラリア

カンガルーのなかま（カンガルー目）

♠体の大きさ ◆体重
♣分布 ★解説

アカカンガルー

カンガルー科 ♠体長85～160cm 尾長65～120cm ◆20～90kg ♣オーストラリア中央部 ★岩石の多い草原にすみ、草が主食です。おすは、体が赤く、めすは灰色です。カンガルーのなかで、最も大きいもののひとつです。

オオカンガルー

カンガルー科
♠体長51～121cm 尾長43～109cm ◆32～66kg ♣オーストラリア東部、西部、タスマニア ★朝と夕方に活動します。ジャンプ力があり、時速70km以上のスピードで移動できます。

クロカンガルー

カンガルー科
♠体長52～123cm 尾長42～100cm ◆27.5～53.5kg ♣オーストラリア南部 ★草原、森林、やぶなどにすんでいます。夕方から朝にかけて移動する夜行性です。

豆ちしき カンガルーの後ろあしの指は4本ですが、いちばん長いのは中指です。

アカワラルー

カンガルー科 ♠体長78〜120cm 尾長68〜90cm ◆16〜49kg ♣オーストラリア北部 ★山地の石の多い荒れ地にすみ、草や草の根、木の葉などを食べてくらしています。

パルマワラビー

カンガルー科 ♠体長45〜53cm 尾長40〜55cm ◆3.2〜5.9kg ♣オーストラリア東部 ★小型のワラビーです。一度は絶滅したと考えられていましたが、1967年に再発見されました。

ダマワラビー

カンガルー科 ♠体長52〜68cm 尾長33〜45cm ◆4〜10kg ♣オーストラリア南部、南西部★草原や荒れ地にすみ、長い間、水を飲まなくても生きていけます。

♠体の大きさ ◆体重 ♣分布 ★解説

スナイロワラビー

カンガルー科 ♠体長59～85cm 尾長59～84cm ◆9～27kg ♣オーストラリア北部 ★海岸地方のやぶや低い木の林にすんでいます。ジャンプ力がすぐれています。おもに草を食べてくらしています。

クァッカワラビー

カンガルー科

♠体長40～54cm 尾長24.5～31cm ◆2.7～4.2kg ♣オーストラリア東部 ★海岸や、沼地の近くの草地にすんでいます。木の葉や木の芽などをよく食べます。

シマオイワワラビー

カンガルー科 ♠体長48～65cm 尾長57～70cm ◆6～11kg ♣オーストラリア東南部、タスマニア ★山地やけわしい岩地にすみ、昼は岩のわれ目などで休み、夜に活動します。

豆ちしき ワラビーとは小型のカンガルーをさしますが、大きさの基準はありません。

アカハラヤブワラビー

カンガルー科 ♠体長56〜63cm 尾長35〜48cm ♦2.4〜12kg ♣タスマニア ★森林や草地にすんでいます。しげみに巣をつくり、昼は休んで、夜に活動します。

アカクビワラビー

カンガルー科 ♠体長65〜92.5cm 尾長62〜88cm ♦11〜27kg ♣オーストラリア東部、タスマニア ★ユーカリの林などにすんでいます。朝や夕方に活動します。

オグロワラビー

カンガルー科 ♠体長66.5〜85cm 尾長64〜86cm ♦10.3〜20.5kg ♣オーストラリア南西部 ★沼地に近い、低い木の林にすんでいます。

♠体の大きさ ♦体重 ♣分布 ★解説

顔の中央は白い

前・後ろあし、腹は白に近い明るい茶色

アカキノボリカンガルー

カンガルー科 ♠体長55～63cm 尾長55～62cm ♦6.7～9.1kg ♣ニューギニア ★標高1000～3300mの山地の森林にすんでいます。1日のうち14～15時間ほどねているか、休んでいます。

セスジキノボリカンガルー

カンガルー科 ♠体長55～77cm 尾長70～85cm ♦6.7～9.1kg ♣ニューギニア ★あしには木に引っかけられるするどいつめがあり、尾は長く、木の上でバランスをとるのに役立ちます。

フサオネズミカンガルー

ネズミカンガルー科 ♠体長36～39cm 尾長31cm ♦1.1～1.6kg ♣オーストラリア西部 ★夜行性で、昼間は巣などで休んでいます。

ハナナガネズミカンガルー

ネズミカンガルー科 ♠体長34～38cm 尾長20～26cm ♦0.66～1.64kg ♣オーストラリア東部、南東部、タスマニア ★かれ草を集めて巣をつくります。かれ草は、尾に巻きつけて巣へ運びます。

豆ちしき キノボリカンガルーは、木にのぼるために前あしのつめが発達しています。

コアラ コアラ科

♠体長60～83cm 尾長0cm ♦8～12kg ♣オーストラリア東部 ★巣はつくらず、昼間は木の枝にすわって体を、丸めてねむり、夜出てきて、ゆっくり行動します。

コアラは、1日に18～20時間もねます。

フクロギツネ クスクス科

♠体長35～55cm 尾長25～40cm ♦1.5～4.5kg ♣オーストラリア（中央部をのぞく） ★森林にすんでいます。夜に行動します。木の葉や皮、果実、花などを食べます。

鼻先はピンク

尾の先は黒い

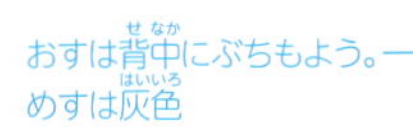

ブチクスクス クスクス科

♠体長35～58cm 尾長31.5～43.5cm ♦1.5～4.9kg ♣ニューギニア周辺の島々 ★夜行性で、木の上で行動します。木の葉や果実、昆虫などを食べます。

セスジクスクス クスクス科

♠体長31〜54cm 尾長29〜40cm ♦1.5〜4.9kg ♣ニューギニア ★海岸や沼地の近くの草地や山地の森にすんでいます。

ハイイロクスクス

クスクス科 ♠体長35〜55cm 尾長28〜42cm ♦1.5〜2.2kg ♣ニューギニア ★森林の木の上でくらしています。昼は木の枝のかげでねむり、夜は木の上で葉を食べます。

ヒメウォンバット

ウォンバット科 ♠体長70〜115cm 尾長2.5cm ♦22〜39kg ♣オーストラリア南東部、タスマニア ★夜行性で、昼間は地中につくった巣で休んでいます。

キタケバナウォンバット

ウォンバット科 ♠体長97〜110.5cm 尾長5cm ♦27〜35kg ♣オーストラリア北東部 ★岩の多いところでくらしています。夜行性です。

豆ちしき ウォンバットとは現地の人の言葉で、「平たい鼻」という意味です。

ブーラミス ブーラミス科

♠体長10〜13cm 尾長13〜16cm ◆30〜60g ♣オーストラリア南東部 ★氷河期の終わりごろに高地に取り残された「生きている化石」のひとつです。

フクロヤマネ ブーラミス科

♠体長8.5〜10cm 尾長9〜11cm ◆8〜22g ♣オーストラリア東部、タスマニア ★ピグミーポッサムともよばれます。冬近くなると、体（尾）にたくさんの脂肪をたくわえ、2〜3か月間何も食べずに冬眠するといわれています。

フクロミツスイ

フクロミツスイ科

♠体長4〜9.5cm 尾長4.5〜11cm ◆7〜11g ♣オーストラリア南西部 ★夜行性で、昼間は巣の中でねています。花のみつを細長い舌でなめとります。

♠体の大きさ ◆体重 ♣分布 ★解説

フクロモモンガ

フクロモモンガ科 ♠体長16～21cm 尾長16.5～21cm ♦95～160g ♣オーストラリア、ニューギニア ★森林にすんでいて、昼は木のあなにつくった巣で休みます。夜に、あしの間の飛まくを広げ、枝から枝へ、50mほどもかっ空します。

しまもよう

フクロシマリス

フクロモモンガ科 ♠体長25.5～27.8cm 尾長31～34cm ♦240～390g ♣オーストラリア北部、ニューギニア ★夜行性です。昆虫の幼虫を、長い前あしの第4指で木のすき間などから引き出して食べます。

フクロムササビ リングテイル科

♠体長35～45cm 尾長45～60cm ♦0.9～1.7kg ♣オーストラリア東部 ★夜行性で、フクロモモンガと同じように、あしの間にある飛まくを広げてかっ空します。

ハイイロリングテイル

リングテイル科 ♠体長30～35cm 尾長30～35cm ♦0.7～1.1kg ♣オーストラリア東部、タスマニア ★夜行性です。熱帯雨林からユーカリの森まですんでいます。

豆ちしき リングテイルのなかまは、長い尾を枝に巻きつけて木にのぼります。

フクロネコのなかま（フクロネコ目）

♠体の大きさ ◆体重 ♣分布 ★解説

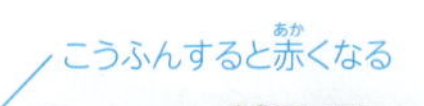

一生のび続けるきば

白いもよう

タスマニアデビル

フクロネコ科 ♠体長57〜65cm 尾長24.5〜26cm ◆5〜8kg ♣オーストラリア（タスマニア） ★森林や、荒れ地でくらしています。夜行性で、昼間は地面のあななどの巣で休んでいます。

白いはん点

フクロネコ **フクロネコ科**

♠体長34〜37cm 尾長22〜24cm ◆880〜1300g ♣オーストラリア（タスマニア） ★人家近くの林の上でくらしています。夜に活動します。タスマニアデビルの食べ残しをあさることもあります。

尾の先は黒い

鼻先がとがる

オオネズミクイ

フクロネコ科 ♠体長16〜18cm 尾長13〜14cm ◆110g ♣オーストラリア中部 ★砂漠地帯や、岩の多い地域でくらしています。昼間は地面のあなで休んでいて、夜に活動します。

豆ちしき タスマニアデビルは、有袋類では最大の肉食動物です。

アカオファスコガーレ

フクロネコ科 ♠体長9〜12cm 尾長12〜14.5cm ◆40〜65g ♣オーストラリア南西部 ★森林の木の上で、夜に活動します。

フクロアリクイ

フクロアリクイ科 ♠体長20〜27cm 尾長16〜21cm ◆280〜550g ♣オーストラリア南部、南西部 ★森林にすんでいて、昼間に行動します。長い舌を使ってアリやシロアリをなめとって食べます。

バンディクートのなかま（バンディクート目）

♠体の大きさ ◆体重 ♣分布 ★解説

オオミミナガバンディクート

ミミナガバンディクート科 ♠体長20〜56cm 尾長12〜29cm ◆600〜2500g ♣オーストラリア中部、北西部 ★あな掘りがうまく、地下に巣をつくります。夜に活動します。

耳は小さい

シモフリコミミバンディクート

バンディクート科 ♠体長30〜47cm 尾長15cm ◆500〜3100g ♣オーストラリア東部〜北部 ★森林や草地にすんでいます。夜に活動して、食べ物をさがします。

豆ちしき フクロアリクイのめすにふくろ（育児のう）はありません。

カモノハシのなかま（カモノハシ目）

カモノハシの分布

カモノハシ カモノハシ科

♠体長31〜40cm 尾長10〜15cm ◆0.7〜2.4kg ♣オーストラリア東部、タスマニア ★カモのようなくちばしがあります。川辺の土手などにあなを掘って、巣をつくります。

ハリモグラ ハリモグラ科

♠体長30〜45cm 尾長0cm ◆2〜7kg ♣オーストラリア、タスマニア、ニューギニア東部 ★森林や荒れ地などにくらし、昼間は自分で掘ったあななどで休んでいます。1回に1個の卵を産みます。

ニシミユビハリモグラ

ハリモグラ科 ♠体長46〜79cm 尾長0cm ◆5〜10kg ♣ニューギニア西部 ★昼間は岩のわれ目などで休み、夜活動して昆虫などを食べています。最近の研究で、3種に分けられました。

豆ちしき カモノハシのなかまは哺乳類ですが、子どもではなく卵を産みます。

日本の野生動物

日本列島は南北におよそ3500km、面積37.8万平方mで、4つの大きな島からなりたっています。全体の約67%が森林で、北部に亜寒帯林、南部に亜熱帯林が一部ありますが、そのほとんどは温帯林です。

動物地理学的には、北海道（旧北区）と本州・四国・九州（旧北区と東洋区との移行帯）はブラキストン線で、本州・四国・九州と南西諸島（東洋区）は渡瀬線で区切られます。面積的には小さな列島ですが、日本にしかいない種（固有種）が非常に多いのが特徴です。

日本の動物

日本の動物は、固有種（日本だけにすむ種類）が非常に多いのが特徴です。北海道にはアジア北東部と同じタイリクジカ、ヒグマ、キタリスなどが、本州・四国・九州にはニホンジカ、ニホンカモシカ、ニホンリスなど固有種が生息しています。南西諸島にはアマミノクロウサギ、ケナガネズミ、イリオモテヤマネコなど古いタイプの固有種が生き残っています。

日本

日本だけに生息するニホンザル

ネコのなかま（ネコ目）

♠体の大きさ ◆体重 ♣分布 ★解説

ツシマヤマネコ ネコ科 ♠体長60～90cm 尾長25～44cm ◆5～7kg ♣日本（長崎県対馬） ★森林にすむ中型のヤマネコで、野ネズミや鳥類をとらえます。

イリオモテヤマネコ ネコ科 ♠体長60cm 尾長20cm ◆4kg ♣日本（沖縄県西表島） ★1967年に沖縄県の西表島で発見されたヤマネコです。絶滅が心配されている動物のひとつで、40～100頭ぐらいしかいないと考えられています。

豆ちしき ツシマヤマネコはアムールヤマネコの亜種です。

タヌキ イヌ科

♠体長50～59cm 尾長13～20cm ◆4～6kg ♣日本(北海道、本州、四国、九州)、中国、朝鮮半島、ヨーロッパ(移入) ★おす、めすのペアか数頭の家族で、やぶの中やアナグマの古いあななどをすみかとしてくらしています。

タヌキの分布

アカギツネの分布

キタキツネ

イヌ科 ♠体長62～78cm 尾長38～44cm ◆4～10kg ♣アジア東北部、日本(北海道) ★北海道にすむ、アカギツネの亜種です。あしの前面に黒いもようがあります。

ホンドギツネ

イヌ科 ♠体長62～74cm 尾長34～39cm ◆3～7kg ♣日本(本州、四国、九州) ★北海道をのぞく日本にすむ、アカギツネの亜種です。ニワトリをおそうこともあります。

ヒグマ クマ科

♠体長180〜200cm 尾長6〜7cm ◆150〜300kg ♣日本（北海道）★北海道には、日本最大の哺乳類である亜種のエゾヒグマがいます。シカや魚、果実を食べますが、まれに牧場のウシやウマをおそうこともあります。冬には、あなごもりをし、1〜3頭の子どもを産みます。

ヒグマの分布

ツキノワグマ

クマ科 ♠体長110〜130cm 尾長8cm ◆70〜120kg ♣アジア東部、日本（本州、四国）★ヒマラヤグマ、アジアクロクマともよばれます。日本には、亜種のニホンツキノワグマがいます。多くは胸に白い月の輪もようがあります。

ツキノワグマの分布

九州のニホンツキノワグマは、絶滅したと考えられています。

ニホンイタチ イタチ科

♠体長19～37cm 尾長7～16cm ◆105～650g ♣日本（本州、四国、九州、沖縄）★チョウセンイタチににていますが、尾が短いのが特徴です。

目のまわりからたてに黒いもよう

胸は黒い

前・後ろあしは黒い

ニホンアナグマ イタチ科

♠体長44～61cm 尾長11～14cm ◆12～13kg ♣日本（本州、四国、九州）★小動物や鳥の卵、昆虫、果実などを食べます。冬になると活動がにぶり、あなの中ですごすようになります。

オコジョ イタチ科

♠体長17～33cm 尾長4～12cm ◆42～365g ♣アジア、ヨーロッパ北部～北アメリカ北部、日本（北海道、本州北部）★北海道にエゾオコジョ、本州北部にホンドオコジョの2亜種がいます。冬には、尾の先以外の毛が白くなります。

オコジョの分布

イイズナの分布

イイズナ イタチ科

♠体長11.4～26cm 尾長2～8cm ◆25～250g ♣北アフリカ～ヨーロッパ北部、アジア、日本（北海道、本州北部）★世界最小の肉食動物です。平野から森林、畑などにもすんでいます。

冬毛

テン イタチ科

♠体長41〜49cm 尾長17〜24cm ◆900〜1600g ♣日本（本州、四国、九州） ★森林にすみ、よく木の上で活動します。秋には果実を食べます。

クロテン イタチ科

♠体長35〜56cm 尾長11〜19cm ◆700〜1800g ♣ヨーロッパ北東部〜アジア、日本（北海道） ★森にすみ、すばしっこく、木のぼりも得意です。北海道には亜種のエゾクロテンがいます。

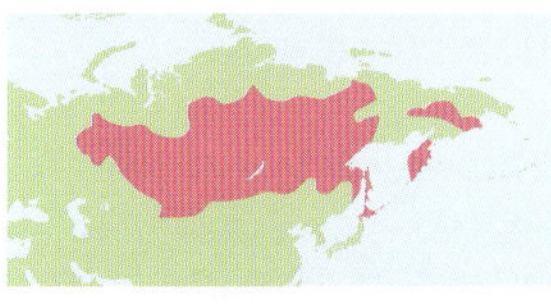
クロテンの分布

黒茶色の毛

テンとくらべて
尾は短い

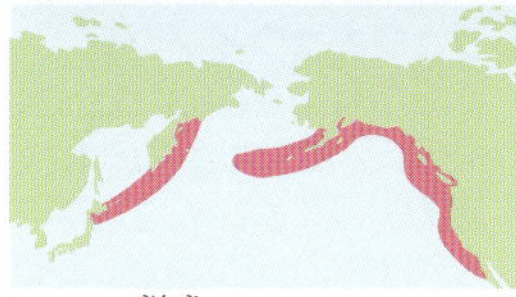
ラッコの分布

ラッコ イタチ科

♠体長76〜120cm 尾長28〜37cm ◆13.5〜45kg ♣北太平洋、日本（北海道） ★岩の多いコンブなどのしげる海岸ぞいにすんでいます。気に入った石を道具にして、つかまえたカニやウニを腹の上でわって食べます。

豆ちしき テンのうち、毛色が冬にうすくなるものをキテンとよびます。

ウシのなかま（ウシ目）

♠体の大きさ ♦体重 ♣分布 ★解説

ニホンカモシカ
ウシ科 ♠体長105～115cm 体高68～72cm ♦30～45kg ♣日本（本州、四国、九州） ★ブナやコナラなどが生える林にすんでいます。

ニホンジカ シカ科
♠体長105～155cm 体高58～86cm ♦25～110kg ♣日本（本州、四国、九州） ★冬に1頭のおすがひきいる10頭前後の群れをつくります。

ニホンイノシシ イノシシ科
♠体長120～150cm 体高60～75cm ♦100kg ♣日本（本州、四国、九州） ★森林にすみ、早朝や夕方に活動します。

LIVE 発見!
イノシシの子どもにはしまもようがあり、ウリンボとよばれます。（写真はニホンイノシシの子ども）

リュウキュウイノシシ
イノシシ科 ♠体長80～110cm 体高55cm ♦40～50kg ♣日本（南西諸島） ★ニホンイノシシよりも原始的で小型のイノシシです。

豆ちしき ニホンカモシカは、眼下腺から出るにおいを木につけてなわばりを主張します。

コウモリのなかま（コウモリ目）

♠体の大きさ ◆体重
♣分布 ★解説

オガサワラオオコウモリ

オオコウモリ科 ♠体長19.3～25cm 尾長0cm ◆390～440g ♣小笠原諸島 ★小笠原諸島だけにすむコウモリで、林にすんでいます。果実や花を食べます。

首に白い輪のもよう

鼻（鼻葉）がキクの形

キクガシラコウモリ

キクガシラコウモリ科 ♠体長5.6～8cm 尾長5～6.1cm ◆13～34g ♣ヨーロッパ、アジア、佐渡島など一部の島をのぞく日本全土 ★川、平地、森林、草原の地面近くを飛びます。日本には、亜種のニホンキクガシラコウモリがいます。

クビワオオコウモリ

オオコウモリ科 ♠体長19～20.1cm 尾長0cm ◆320～530g ♣台湾、日本（鹿児島県、沖縄県） ★エラブオオコウモリ、オリイオオコウモリ、ダイトウオオコウモリ、ヤエヤマオオコウモリの4亜種が分布しています。

ヒナコウモリ ヒナコウモリ科

ヒナコウモリ科 ♠体長6.8～8.0cm 尾長3.5～5.0cm ◆14～30g ♣アジア（シベリア東部、中国東部、台湾）、日本（北海道、本州（中国地方をのぞく）、九州） ★大木の多い地域では、昼間は木のあなの中で休みます。

豆ちしき 日本には35～40種のコウモリがいるといわれています。

アブラコウモリ ヒナコウモリ科

♠体長4.1〜6.0cm 尾長2.9〜4.5cm ◆5〜10g ♣アジア（シベリア東部〜ベトナム）、北海道をのぞく日本全土 ★集団をつくり、日中は家の屋根うらなどで休んでいます。イエコウモリともいいます。

ヒメホオヒゲコウモリ

ヒナコウモリ科 ♠体長4.3〜5.2cm 尾長3〜4cm ◆5g ♣東アジア（モンゴル、中国東北部）、日本（本州北部、中部） ★日本には亜種のフジホオヒゲコウモリがいます。ほおに長い毛が生えているので、ホオヒゲの名がつきました。

テングコウモリ

ヒナコウモリ科

♠体長5.8〜6.6cm 尾長4.1cm ◆9〜15g ♣東アジア（アムール、サハリン）、日本（北海道、本州、四国、九州） ★日本には、亜種のニホンテングコウモリがいます。昼は洞くつなどで休み、夜に活動します。

ウサギコウモリ

ヒナコウモリ科 ♠体長4.2〜5.3cm 尾長3.7〜5.5cm ◆4.6〜11.3g ♣ヨーロッパ〜アジア（中国北東部）、日本（北海道、本州（中国地方をのぞく）、九州） ★耳がウサギのように大きく長いコウモリです。日本には、亜種のニホンウサギコウモリがいます。

豆ちしき オオコウモリは果実などを食べますが、そのほかのコウモリは昆虫などを食べます。

サルのなかま（サル目）♠体の大きさ ◆体重 ♣分布 ★解説

ニホンザル オナガザル科

♠体長47～61cm 尾長7～12cm ◆8～15kg ♣日本（本州、四国、九州、屋久島）★世界で最も北にすむサルです。10頭前後～200頭をこえる群れをつくります。人家の近くに出て来たり、畑を荒らしたりすることもあります。

下北半島（青森県）にすむニホンザルは、サルのなかで最も北にすんでいるため、「北限のサル」とよばれています。

地獄谷（長野県）にすむサルは、温泉に入るサルとして有名です。

ヤクシマザルは、屋久島（鹿児島県）に生息するニホンザルの亜種で、やや小型です。あしが黒いのが特徴です。

豆ちしき 北限のサルは、国の天然記念物に指定されています。

ウサギのなかま（ウサギ目）

♠体の大きさ ♦体重
♣分布 ★解説

キタナキウサギ

ナキウサギ科 ♠体長11.5〜16.3cm 尾長0.5cm ♦115〜164g ♣北東アジア、日本（北海道） ★低地から高山までの岩場にすみ、「キチッ」と小鳥のような声で鳴きます。北海道には亜種のエゾナキウサギがいます。

キタナキウサギの分布

冬毛

ユキウサギ

ウサギ科 ♠体長50.5 〜 57.5cm 尾長2〜5.5cm ♦2.5 〜 4.1kg ♣アジア、ヨーロッパ北部、日本（北海道） ★夏は全身が灰色〜茶色で、冬には耳の先をのぞいて白くなります。北海道には亜種のエゾユキウサギがいます。

ユキウサギの分布

夏毛

ニホンノウサギ ウサギ科

♠体長43〜54cm 尾長2〜5.5cm ♦3kg ♣本州、四国、九州、隠岐、佐渡 ★東北から日本海側の地域にいるものは、冬に耳の先以外全身白くなります。夜行性ですが、早朝と夕方にいちばん活動します。

アマミノクロウサギ

ウサギ科 ♠体長43〜47cm 尾長3.5cm ♦2kg ♣奄美大島、徳之島 ★現在生きているウサギのなかまでは、最も原始的です。あなを掘って子育て用の巣にします。

豆ちしき ニホンノウサギには、トウホク、キュウシュウ、サド、オキの4亜種がいます。

ネズミのなかま(ネズミ目)

♠体の大きさ ♦体重
♣分布 ★解説

ニホンリス

リス科 ♠体長15.7～22cm 尾長13.5～17.1cm ♦250～310g ♣本州、四国、九州 ★平地から標高2100mの林にすんでいます。朝と夕方に1頭で活動し、夜間は巣で休みます。木の実や種子などを食べてくらしています。

LIVE 発見! ニホンリスは、冬になると耳の先の毛がのびます。

冬は耳の先の毛がのびる

尾に長い毛

腹は白い

キタリス

リス科 ♠体長15～28cm 尾長14～24cm ♦260～440g ♣ヨーロッパ、アジア、日本(北海道) ★どんぐりなどの木の実や種子を食べます。北海道には、亜種のエゾリスがいます。

キタリスの分布

シベリアシマリス

リス科 ♠体長12～17cm 尾長8～13.2cm ♦50～120g ♣アジア、ヨーロッパ北部、日本(北海道) ★冬は地下の巣あなで冬眠します。北海道には、亜種のエゾシマリスがいます。

シベリアシマリスの分布

LIVE 発見! どんぐりなどのかたい食べ物は、からをむいて食べます。

豆ちしき エゾシマリスは、長さ2mもあるトンネルを掘って冬眠します。

タイリクモモンガ

リス科 ♠体長15〜16cm 尾長10〜12cm ◆100〜120g ♣ヨーロッパ〜アジア北部、日本（北海道）★北海道には亜種のエゾモモンガがいます。木のさけ目やほらなどに巣をつくります。

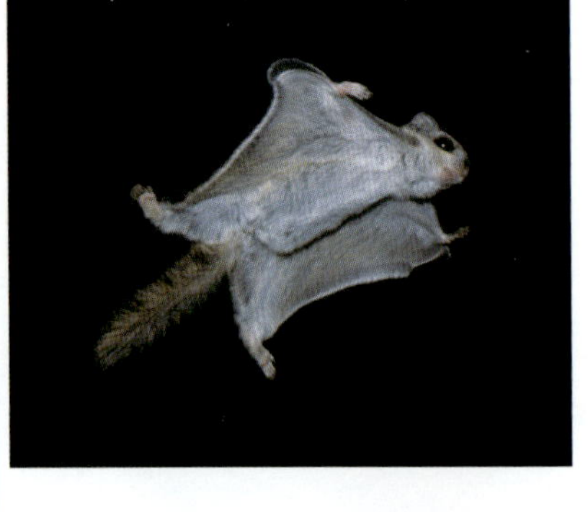

タイリクモモンガの分布

ほおに目立つ白い帯がある

飛まく

ニホンモモンガ（ホンドモモンガ）

リス科 ♠体長14〜20cm 尾長10〜14cm ◆150〜200g ♣本州、四国、九州 ★日中は木のほらなどで休み、夜に木の葉や実を食べます。

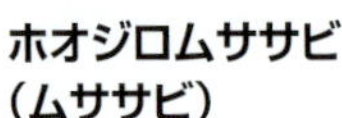

ホオジロムササビ（ムササビ）

リス科 ♠体長27.2〜48.5cm 尾長28.0〜41.4cm ◆700〜1300g ♣中国中部〜南部、日本各地（北海道をのぞく）★完全な夜行性で、飛まくを使って木から木へと飛びうつります。

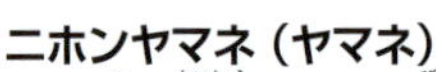

ニホンヤマネ（ヤマネ）

ヤマネ科 ♠体長6.1〜8.4cm 尾長4.0〜5.8cm ◆20〜30g ♣本州、四国、九州 ★山地の森に1頭ですみ、日中は木のほらなどで休んでいます。木の実や果実、昆虫、鳥の卵などを食べます。冬は地中や落ち葉の下などで冬眠します。

カヤネズミ ネズミ科

♠体長5.5～7.5cm 尾長5.0～7.5cm ♦5～7g ♣アジア、ヨーロッパ、日本（本州、四国、九州） ★日本最小のネズミで、カヤやススキに、鳥の巣のような丸い巣をつくります。

カヤネズミの分布

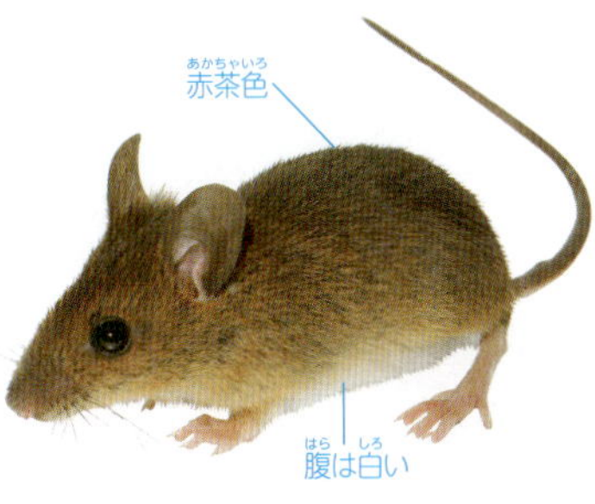

アカネズミ ネズミ科

♠体長8.5～13.4cm 尾長6.8～11.3cm ♦20～60g ♣本州、四国、九州など ★日本各地の低地～山地の開けた草原を好む野ネズミです。

腹は白い

ヒメネズミ ネズミ科

♠体長7.2～9.9cm 尾長7.4～10.8cm ♦10～20g ♣北海道、本州、四国、九州など ★木の枝の上などに巣をつくります。

ハタネズミ キヌゲネズミ科

♠体長9.5～12.5cm 尾長3.4～4.6cm ♦30g ♣本州、佐渡、九州 ★平地の河原などの草原に、トンネルを掘ってすんでいます。

カゲネズミ ネズミ科

♠体長8.3～11.1cm 尾長3.5～5.1cm ♦25g ♣関東～中部地方 ★低い山の巨大な岩のある森林、ササやぶなどにすんでいます。

豆ちしき 冬眠中ヤマネの体温は0℃近くまで下がり、呼吸も1分間で数回になります。

ニイガタヤチネズミ キヌゲネズミ科

♠体長10～12cm 尾長6.5～7.5cm ◆30g ♣中部地方の亜高山帯 ★高山の森林や岩場にすみ、夜行性です。氷河時代からの生き残りといわれています。

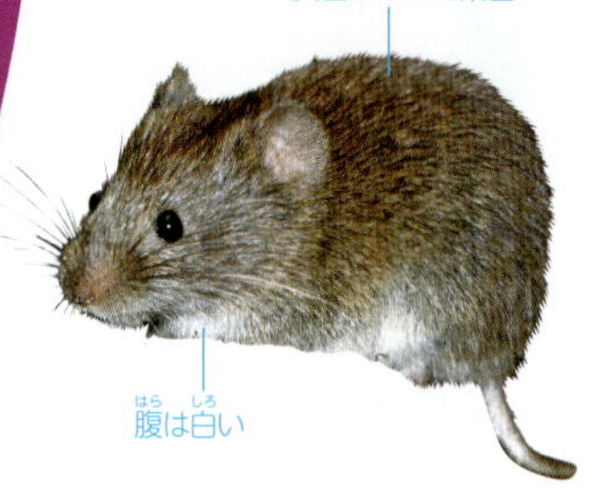

タイリクヤチネズミ キヌゲネズミ科

♠体長10.6～13cm 尾長4.5～5.5cm ◆35g ♣ヨーロッパ～アジア北部、日本（北海道） ★草原や森林にすみ夜行性です。北海道には亜種のエゾヤチネズミがすんでいます。

タイリクヤチネズミの分布

オキナワトゲネズミ

ネズミ科 ♠体長14.2～17.5cm 尾長11.4～11.9cm ◆140g ♣沖縄本島 ★背中にとげのような毛が生えています。シイやタブのしげる森にすみ、地中にトンネルを掘って巣にします。絶滅が心配されています。

ケナガネズミ ネズミ科

♠体長22～33cm 尾長24～33cm ◆約630g ♣奄美大島、徳之島、沖縄本島 ★体毛に長い毛がまじります。尾の先は白いです。木のぼりはとてもうまいですが、動きはにぶい大型のネズミです。

豆ちしき オキナワトゲネズミは2008年に30年ぶりに生体が確認されました。

チビトガリネズミの分布

チビトガリネズミ トガリネズミ科

♠体長3.9～4.5cm 尾長2.8～3.2cm ♦1.2～1.8g ♣アジア、ヨーロッパ北部、日本（北海道）★北海道の湿原に亜種のトウキョウトガリネズミがすんでいます。冬でも冬眠しません。陸上にすむ哺乳類のなかでは世界最小です。体力を節約するために、しばしば草のしげみの中で休みます。

ジャコウネズミ

トガリネズミ科 ♠体長10.4～22cm 尾長6.1～9cm ♦30～80g ♣アジア、アフリカ（移入）、日本（沖縄諸島など）★おもに平地から低山地の林ややぶ、畑のまわりなどにすんでいます。わき腹に臭腺があり、においを出します。沖縄諸島などには、亜種のリュウキュウジャコウネズミがいます。

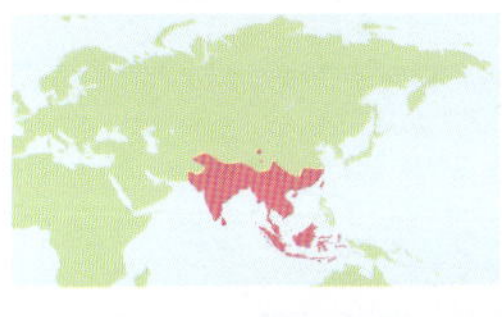

ジャコウネズミの分布

LIVE 発見！

ジネズミの生後2週間ほどの子どもは、親の尾のつけ根をくわえ、次の子どもがその子どもの尾のつけ根をくわえというふうに、連なって移動します。これを「キャラバン行動」とよびます。

ジネズミ トガリネズミ科

♠体長6.1～8.3cm 尾長3.8～5.3cm ♦6.6～12g ♣本州、四国、九州など ★おもに平地から低山地の林ややぶ、畑のまわりなどにすんでいます。

豆ちしき トウキョウトガリネズミの名がついたのは、エゾ（北海道）を江戸（東京）としたためです。

毛が生えている長い尾

まばらな毛が生えているピンク色の鼻

ヒミズ モグラ科

♠体長8.0～10.1cm 尾長2.9～3.7cm ♦14～25g ♣本州、四国、九州 ★草原や森にすみ、地上と地下の両方で生活します。深いトンネルを掘ることはありません。

毛が生えている長い尾

前あしが小さい

ヒメヒミズ モグラ科

♠体長7.1～8.2cm 尾長3.4～4.3cm ♦9.1～12.2g ♣本州、四国、九州 ★尾が長く、前あしが小さいモグラです。高い山の地表近くに浅いトンネルを掘ってくらします。

アズマモグラ モグラ科

♠体長12.6～14.3cm 尾長1.5～2.2cm ♦57～83g ♣本州、四国、九州 ★関東平野でふつうに見られるモグラです。直径4～4.5cmのトンネルを掘ります。

コウベモグラ モグラ科

♠体長12.8～17.7cm 尾長1.4～2.6cm ♦91～112g ♣本州中部以西、四国、九州、対馬など ★大型のモグラで、直径約6.5cmのトンネルを掘ります。

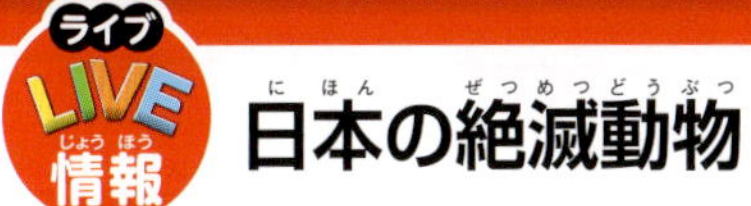

日本の絶滅動物

奈良県東吉野村鷲家口にある「最後のニホンオオカミ」像

ニホンオオカミは、1905年1月に奈良県東吉野村鷲家口で殺されたものが最後の1頭とされています。

ニホンカワウソは、かつては日本中の河川で見られ、その後四国地方に少数が生息していましたが、2012年に絶滅宣言が出されました。

2016年の環境省のレッドリストにのっている絶滅動物は、オキナワオオコウモリ、ミヤココキクガシラコウモリ、オガサワラアブラコウモリ、エゾオオカミ、ニホンオオカミ、ニホンカワウソの6種（亜種）です。

ニホンオオカミを再現したはく製

ニホンカワウソ

海の動物

世界中の海には、多くの哺乳類が生息しています。カイギュウのなかまは比較的暖かい海、アシカやアザラシは温帯から寒帯の冷たい海、クジラのなかまは、世界中の海を移動しながらくらしています。

カイギュウのなかま（カイギュウ目）

♠体の大きさ ◆体重 ♣分布 ★解説

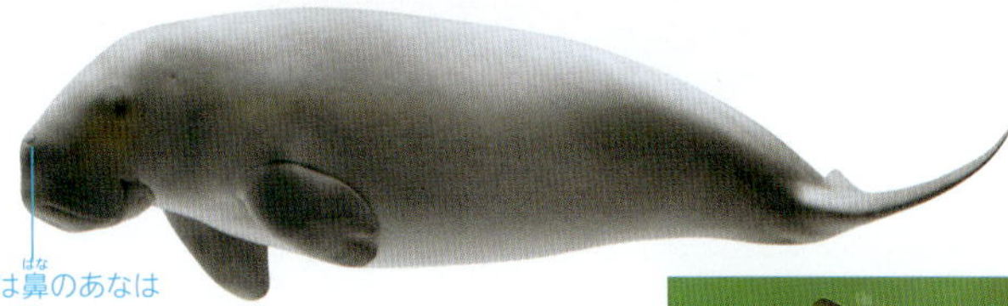

水中では鼻のあなはとじる

ジュゴン ジュゴン科

♠全長4m ◆230〜900kg ♣インド洋〜太平洋南西部の沿岸 ★人魚のモデルになった動物だといわれています。日本では南西諸島周辺にすんでいて、国の天然記念物に指定されています。

ジュゴンの尾びれは三日月型で、泳ぐときにスピードが出ます。

アマゾンマナティー マナティー科

♠全長2.5〜3m ◆350〜500kg ♣南アメリカ北東部 ★淡水域だけにすみます。アマゾンの原住民の貴重な食べ物でしたが、数がへり、保護が進められています。尾びれは丸い形をしています。

アシカ・アザラシのなかま（ネコ目）

♠体の大きさ ◆体重
♣分布 ★解説

カリフォルニアアシカ アシカ科
♠全長250cm（おす）、180cm（めす） ◆400kg（おす）、100kg（めす） ♣アメリカ合衆国カリフォルニア沿岸、ガラパゴス諸島 ★性質は用心深く、休んでいるときにもだれかが見はっています。多くの動物園や水族館でかわれています。

ミナミアメリカオットセイ
アシカ科 ♠全長190cm（おす）、130cm（めす） ◆200kg（おす）、40kg（めす） ♣南アメリカ南部の沿岸 ★同じ南アメリカにすむオタリアより小型のオットセイです。

キタオットセイ
アシカ科 ♠全長213cm（おす）、142cm（めす） ◆270kg（おす）、50kg（めす） ♣ベーリング海〜オホーツク海の島々 ★6〜8月のはんしょく期以外は、海を回遊してすごします。北日本沿岸にも回遊します。

豆ちしき アシカ・アザラシのなかまは、ライオンなどと同じネコ目に分類されます。

オタリア アシカ科

♠全長250cm（おす）、200cm（めす）◆350kg（おす）、150kg（めす）♣南アメリカ（ブラジル南部〜ペルー沿岸にかけて）★トドににていますが、体がやや小さく、鼻が上を向いていて、首のまわりにたてがみのような毛があります。

上半身が大きく
発達する

トド アシカ科

♠全長300cm（おす）、200cm（めす）
◆1000kg（おす）、263kg（めす）
♣北太平洋、日本（北海道沿岸）
★アシカのなかまで最大です。おすはたてがみをもっています。

おすは、首のまわりに
たてがみ状の毛がある

セイウチ セイウチ科

♠全長356cm（おす）、260cm（めす）◆1700kg（おす）、1250kg（めす）♣北アメリカ（カナダ、アラスカ西部）、グリーンランド、ユーラシア大陸北部 ★1mにもなる巨大なきばは、上あごの犬歯が発達したものです。

背中に多くの
まだらもよう

ゴマフアザラシ アザラシ科

♠全長150〜170cm（おす）、140〜160cm（めす）♦85〜110kg（おす）、65〜115kg（めす）♣ベーリング海、チュコート海、オホーツク海、日本（北海道近海）★流氷の上で、白い毛の子どもを出産します。

ゼニガタアザラシ アザラシ科

♠全長150〜200cm（おす）、120〜170cm（めす）♦70〜170kg（おす）、50〜150kg（めす）♣北太平洋、北大西洋の沿岸、日本（北海道近海）★体に、昔のお金（銭）のようなもようがあります。子どもは岩場で生まれ、黒い色をしています。

アゴヒゲアザラシ アザラシ科

♠全長200〜260cm ♦200〜360kg ♣北極圏〜亜北極圏、日本（北海道）★口のまわりの上くちびるの部分に、あごひげのような長い感覚毛が生え、海底の食べ物をさがすのに役立ちます。

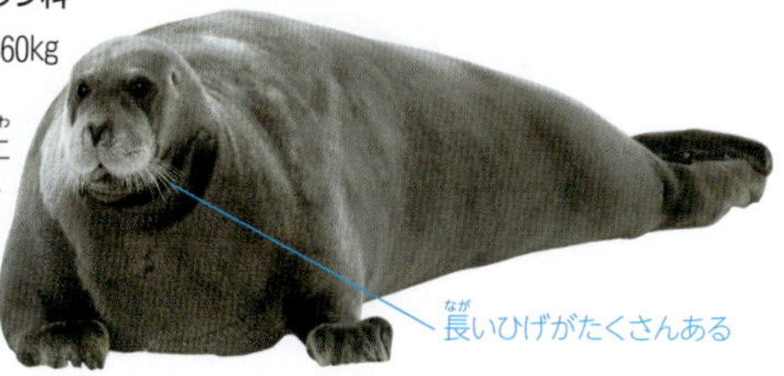

アザラシの子どもの毛色

アザラシの子どもの毛色は、種類とどこで生まれるかによってちがいます。流氷の上で出産するゴマフアザラシやアゴヒゲアザラシの子どもは、白い毛色で生まれます。白い毛色は氷の上で保護色になり、ワシやホッキョクグマなどの敵に見つかりにくくなっています。約2〜3週間でおとなの毛になります。一方、岩や砂浜で出産するゼニガタアザラシなどの子どもは、岩などの色に近い、黒い毛色で生まれます。

ゴマフアザラシの子ども

ゼニガタアザラシの子ども

ミナミゾウアザラシ アザラシ科

♠全長600cm（おす）、240〜300cm（めす）◆3700kg（おす）、400〜900kg（めす）♣南極周辺 ★南氷洋の島々にすんでいます。おとなのおすは、3段のくびれをもつ長い鼻をふくらませ、大きな音をたてて相手をおどします。

タテゴトアザラシ アザラシ科

♠全長168〜190cm ◆120〜135kg ♣北大西洋 ★子どもはまっ白ですが、成長すると、体にたてごとのようなV字型の黒いもようがあらわれます。

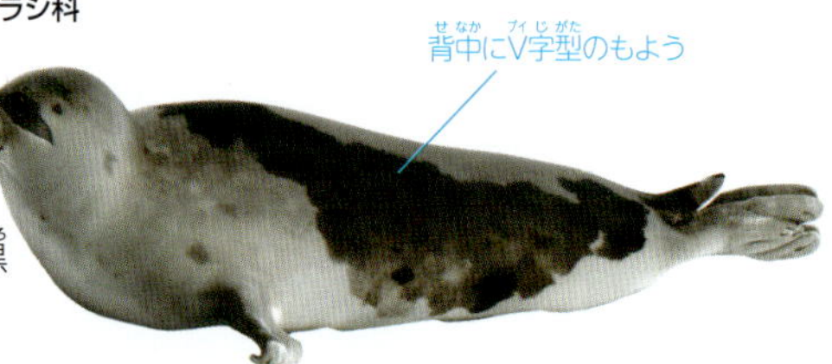

バイカルアザラシ アザラシ科

♠全長142cm ◆130kg ♣アジア（ロシアのバイカル湖）★淡水の湖にすむ小型のアザラシです。

豆ちしき ゾウアザラシは、体の大きさのほか、鼻がゾウの鼻ににていることから名がつきました。

クジラのなかま（クジラ目）

♠体の大きさ ◆体重
♣分布 ★解説

バンドウイルカ

マイルカ科 ♠全長3m ◆400kg
♣熱帯〜温帯の陸近くの海
★人になれやすく、水族館などでもたくさん飼われています。ハンドウイルカともよばれます。

マイルカ マイルカ科

♠全長2.2m ◆85kg ♣熱帯〜温帯の海 ★泳ぎが速く、波をきって空中をとんだりしながら、遊びまわります。

尾の方は灰色っぽくなる

頭側が黄色っぽくなる

カマイルカ マイルカ科

♠全長2m ◆100〜140kg ♣太平洋北部のあたたかい海 ★背びれが長く、かまの形をしているので、こうよばれます。

背びれがかまの形をしている

口先はとがらない

イロワケイルカ マイルカ科

♠全長1.4m ◆40kg ♣南アメリカ南部、フォークランド諸島、インド洋ケルゲレン諸島周辺の海 ★白と黒のもようがあるので、パンダイルカともよばれています。

背びれから尾びれにかけて黒い

頭から胸びれにかけて黒い

豆ちしき バンドウイルカは、海面から6.1mの高さまでジャンプした記録があります。

シャチ マイルカ科

♠全長6～9m ◆4900～9000kg ♣世界中の海 ★群れでクジラをおそうこともあり、「海のギャング」などといわれることもありますが、人にもよくなれます。

ハナゴンドウ マイルカ科

♠全長3.5m ◆450kg ♣熱帯～温帯の海 ★高くもり上がった背びれが目立つので、シャチとまちがわれることもあります。

スナメリ ネズミイルカ科

♠全長1.2～2m ◆25～40kg ♣日本の本州中部以南から黄海、台湾の沿岸 ★あたたかい海で、集団でいることが多いイルカです。日本でも瀬戸内海などで見られることがあります。

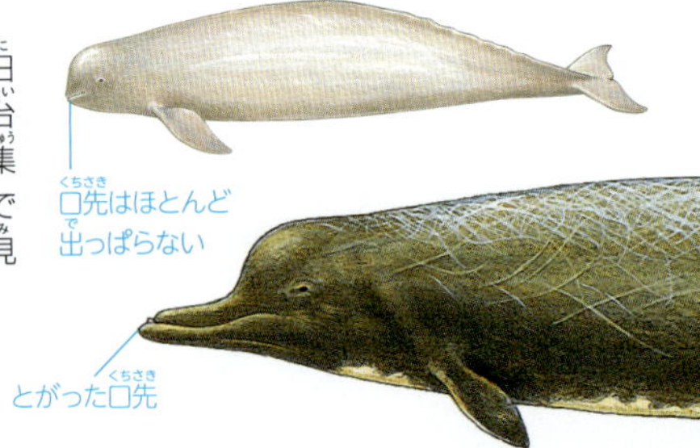

マッコウクジラ マッコウクジラ科

♠全長10～20m ◆35～50t ♣世界中の海 ★最大のハクジラです。頭部に油をためるタンクがあり、これをおもりにすることで、水深2800mの深海まで、1時間以上ももぐることができます。

♠体の大きさ ◆体重 ♣分布 ★解説

アマゾンカワイルカ
アマゾンカワイルカ科

♠全長1.8～2.7m ◆85～120kg ♣南アメリカ（アマゾン川、オリノコ川、マデイラ川）★大きな川など、淡水にすみます。

おすには長いきばがある

イッカク
イッカク科

♠全長3.6～6.2m ◆800～1800kg ♣北極圏周辺 ★おすには長いきばがあります。ふつう2～10頭の群れをつくりますが、数千頭の大集団の一部として移動することが多いです。

頭が丸くなる

シロイルカ（ベルーガ） イッカク科

♠全長3～4.6m ◆1300～2000kg ♣北極圏～寒帯の沿岸 ★全身がまっ白なイルカで、寒帯の陸近くの海にすみ、川をさかのぼることもあります。ベルーガともよばれます。

ツチクジラ アカボウクジラ科

♠全長10～13m ◆10～12t ♣北太平洋 ★1頭の大きなおすにひきいられた10～30頭の群れでくらしています。日本の近海でもよく見られます。

豆ちしき イッカクのきばは、一角獣（ユニコーン）伝説のモデルだといわれています。

背びれはない

大きな口

セミクジラ　セミクジラ科

♠全長15～18m ◆55～106t ♣北半球の温帯～冷帯の海 ★肉や油、クジラひげをとるためにとられ続け、今は300～600頭しかいないといわれています。

イワシクジラ　ナガスクジラ科

♠全長12～20m ◆20～40t ♣北太平洋、北大西洋、南氷洋 ★おもにオキアミを食べますが、名前の通りイワシやニシンなどの魚も食べます。

三日月型の背びれ

ミンククジラ　ナガスクジラ科

♠全長7～10m ◆6～10t ♣世界中の海 ★ナガスクジラ科のなかでいちばん小さく、最も数が多いクジラです。

胸びれに白いもようがある

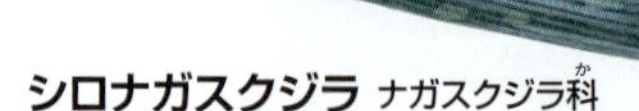

シロナガスクジラ　ナガスクジラ科

♠全長25～33m ◆80～190t ♣世界中の海 ★地球の歴史上最大の動物です。

♠体の大きさ ◆体重 ♣分布 ★解説

コククジラ コククジラ科

♠全長12〜15m ◆20〜37t ♣太平洋北部 ★背びれはなく、小さなこぶが尾びれまでつながっています。

ザトウクジラ ナガスクジラ科

♠全長12〜19m ◆30〜45t ♣世界中の海 ★上下のあごの外側にこぶがならんでいて、胸びれが長いのが特徴です。

ナガスクジラ ナガスクジラ科

♠全長18〜27m ◆30〜70t ♣世界中の海 ★シロナガスクジラの次に大きなクジラです。生まれてくる子どもは、全長7m近くもあります。

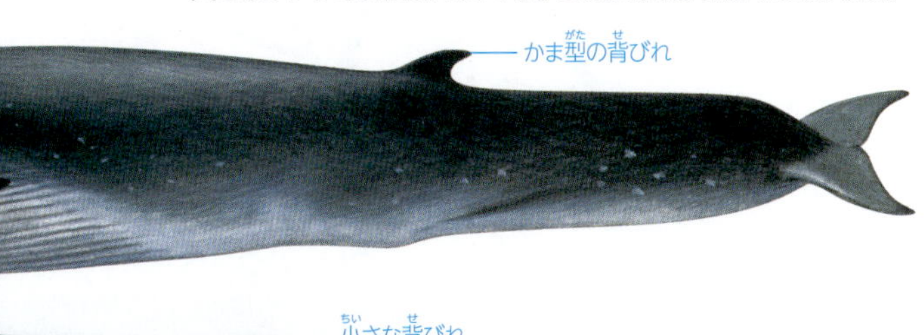

小さな背びれ

豆ちしき シロナガスクジラは、オキアミや小魚を、1日に6800kgも食べます。

ペット・家ちく

ペットは飼い主の気持ちをなごませ、家ちくは、肉や皮、毛、ミルクなど人間の生活にかかせないものを生産してくれます。

ジャーマン・シェパード・ドッグ

イヌ科 ♠体高60～65cm（おす）、55～60cm（めす） ♣ドイツ ★もともとは牧羊犬ですが、警察犬などとして活やくしています。

コリー（ラフ・コリー） イヌ科

♠体高56～61cm（おす）、51～56cm（めす） ♣イギリス（スコットランド） ★ヒツジの群れを管理する牧羊犬です。

グレート・デーン イヌ科

♠体高80cm以上（おす）、72cm以上（めす） ♣ドイツ ★ドイツの国犬です。カイイヌのなかで、最も体高が高い記録をもっています。

グレイハウンド イヌ科

♠体高71～78cm（おす）、68～71cm（めす） ♣イギリス ★カイイヌのなかで、最もあしが速く、最高速度は時速64kmにもなります。

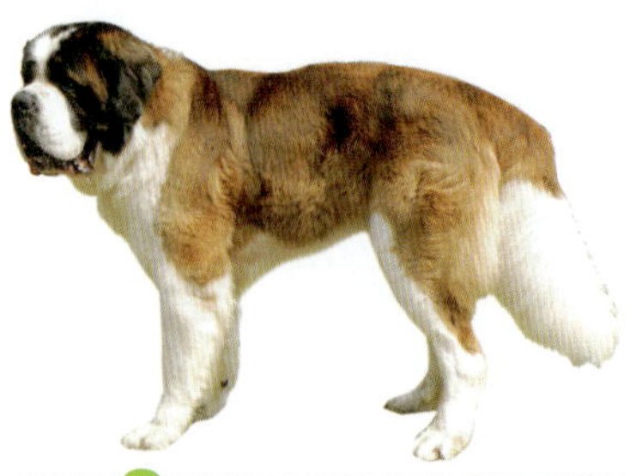

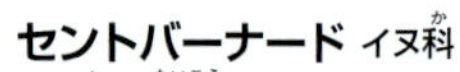

セントバーナード イヌ科

イヌ科 ♠体高70～90cm（おす）、65～80cm（めす） ♣スイス ★遭難者の救助犬です。体重は90kgにもなり、最も重いカイイヌです。

豆ちしき 人間に飼われる犬を「カイイヌ」といい、オオカミを飼いならしたものが祖先です。

カイイヌの品種

♠体の大きさ ♣原産地 ★解説

柴犬 イヌ科

♠体高39.5cm（おす）、36.5cm（めす） ♣日本 ★ピンと立った耳と巻いた尾、とがった鼻が特徴です。日本の天然記念物です。

秋田犬 イヌ科

♠体高67cm（おす）、61cm（めす） ♣日本 ★秋田県でクマ狩りをするマタギ犬が祖先です。日本の天然記念物に指定されています。

北海道犬 イヌ科

♠体高48.5～51.5cm（おす）、45.5～48.5cm（めす） ♣日本 ★北海道のエゾヒグマと勇かんにたたかうマタギ犬として活やくしていました。

シベリアン・ハスキー イヌ科

♠体高54～60cm（おす）、51～56cm（めす） ♣アメリカ ★人や荷物を運ぶそり用のカイイヌです。

ゴールデン・レトリーバー

イヌ科 ♠体高56～61cm（おす）、51～56cm（めす） ♣イギリス ★盲導犬や水難救助犬としても活やくしています。

ラブラドル・レトリーバー

イヌ科 ♠体高56～57cm（おす）、54～56cm（めす） ♣イギリス ★盲導犬や警察犬として活やくしています。

豆ちしき カイイヌの品種は、世界に約700～800品種いるといわれています。

ダルメシアン イヌ科

♠体高56～62cm（おす）、54～60cm（めす） ♣旧ユーゴスラビア ★黒いはん点は、生まれたばかりの子犬にはなく、まっ白です。

ダックスフント イヌ科

♠体高24cm前後（スタンダード） ♣ドイツ ★「アナグマ（ダックス）狩り用のカイイヌ（フント）」です。

パグ イヌ科

♠体高26cm前後 ♣中国 ★17世紀に中国からヨーロッパへもちこまれて広まったといわれています。

ビーグル イヌ科

♠体高33～40cm ♣イギリス ★ウサギ狩りのためにつくられたカイイヌです。

ジャック・ラッセル・テリア イヌ科

♠体高25～30cm ♣イギリス ★小型の動物の狩りをするためのカイイヌです。

プードル イヌ科

♠体高45～60cm（スタンダード） ♣フランス ★いくつかの大きさがあり、日本ではいちばん小さなトイ・プードルが人気です。

チワワ イヌ科

♠体高19cm前後 ♣メキシコ ★世界でいちばん小さなカイイヌです。

イエネコの品種

◆体重 ♣原産地 ★解説

ソマリ ネコ科

◆3kg ♣アメリカ ★アビシニアンの、突然変異から生まれた品種です。

アビシニアン ネコ科

◆3kg ♣エチオピア ★古代エジプトにいたネコににているといわれています。

オシキャット

ネコ科 ◆5kg ♣アメリカ ★アビシニアンとシャムをかけ合わせてつくられました。

メイン・クーン ネコ科

◆5〜7kg ♣アメリカ ★大型のイエネコです。あし先が白いのが特徴です。

ラグドール ネコ科

◆3.6〜9.1kg ♣アメリカ ★イエネコのなかでは、最も大きいです。

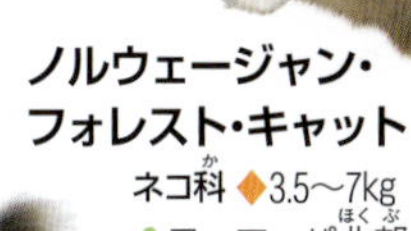

ノルウェージャン・フォレスト・キャット

ネコ科 ◆3.5〜7kg ♣ヨーロッパ北部 ★ノルウェーのきびしい寒さに適応したイエネコです。

マンチカン ネコ科

◆3kg ♣アメリカ ★イヌのダックスフントのような短いあしのイエネコです。ジャンプや木のぼりは、ふつうのイエネコと同じように得意です。

豆ちしき 人間に飼われるネコを「イエネコ」といい、リビアヤマネコが祖先です。

アメリカン・ショートヘアー ネコ科 ◆5kg ♣アメリカ ★もとは、ヨーロッパから開拓者とともに北アメリカへわたってきたイエネコです。

アメリカン・カール ネコ科
◆約3kg ♣アメリカ ★耳が後ろにそり返っています。体の毛の短いタイプと長いタイプがいます。

スコティッシュ・フォールド ネコ科
◆6kg ♣イギリス ★耳がおれ曲がっているのが特徴です。1960年ごろに、偶然できたといわれています。

ロシアン・ブルー ネコ科
◆5kg ♣ロシア ★銀色がかった青い毛色です。おとなしいイエネコです。

コラット ネコ科
◆3kg ♣タイ ★タイでは、古くから「幸運をもたらすネコ」として大切にされてきました。

シンガプーラ ネコ科
◆2kg ♣シンガポール ★イエネコのなかでは最も小さいネコです。1972年にシンガポールで発見されました。

シャム ネコ科
◆3kg ♣タイ ★ほっそりとした体で、あしや耳、尾などの先の部分に、こい色が出ます。

コーニッシュ・レックス

ネコ科 ◆2.5kg ♣イギリス ★体全体が短く、カールした毛におおわれています。

ヒマラヤン ネコ科

◆5kg ♣アメリカ ★シャムとペルシャをかけ合わせてつくられました。

スフィンクス ネコ科

◆2.5kg ♣カナダ ★毛のない体と、大きな耳が特徴です。

ジャパニーズ・ボブテイル(ニホンネコ)

ネコ科 ◆4kg ♣日本 ★約1000年前に中国から伝えられたといわれています。尾が短く、色も白、黒、三毛などがあります。

チンチラ・シルバー

ペルシャ ネコ科

◆5kg ♣イギリス ★顔が丸く、毛の長いネコです。毛の色によってペルシャのなかにチンチラがあり、さらにチンチラの毛の先の色が黒っぽいものをチンチラ・シルバー、茶色っぽいものをチンチラ・ゴールデンとよびます。

チンチラ・ゴールデン

豆ちしき ニホンネコをアメリカで改良したものをジャパニーズ・ボブテイルといいます。

ハムスター・ネズミ

♠体の大きさ ◆体重 ♣原産地 ★解説

ゴールデンハムスター

キヌゲネズミ科 ♠体長12～16cm 尾長約2cm ◆約130g ♣シリア、イスラエル ★いろいろな色や、長い毛のものなどがあります。野生のものは絶滅危惧種に指定されています。

ロボロフスキーハムスター

キヌゲネズミ科 ♠体長約7cm 尾長約1cm ◆約26g ♣ロシア ★ペットのハムスターのなかでは、いちばん小さいです。

ジャンガリアンハムスター

キヌゲネズミ科 ♠体長約8.5cm 尾長約0.8cm ◆約30g ♣シベリア、中国北部など ★ドワーフ(小型)ハムスターのなかで、特に人気があります。

スナネズミ ネズミ科

♠体長9.5～18cm 尾長10～19.3cm ◆50～55g ♣モンゴル、中国(新疆ウイグル自治区) ★実験動物のほか、ペットとしても人気があります。

パンダマウス ネズミ科

♠体長5～7cm 尾長7～8cm ◆20～50g ♣日本 ★江戸時代に野生のハツカネズミから作り出されました。

モルモット テンジクネズミ科

♠体長25cm 尾長0cm ◆0.6～1kg ♣南アメリカ ★テンジクネズミともよばれます。実験動物やペットとして広く飼われています。

カイウサギの品種

◆体重 ♣原産地 ★解説

ネザーランド・ドワーフ
ウサギ科 ◆約1kg ♣オランダ ★カイウサギのなかで最小です。

ライオンヘッド ウサギ科
◆3～5kg ♣ドイツ ★顔のまわりの毛が長くなり、ライオンのたてがみのようになります。

フレミッシュ・ジャイアント ウサギ科
◆5～11kg ♣オランダ ★カイウサギのなかでは最大です。もともと食用につくられたカイウサギです。

フレンチロップ ウサギ科
◆4.5～6kg ♣フランス ★フランスで改良されたロップイヤーで、大型になります。

日本白色種 ウサギ科
◆3～5kg ♣日本 ★日本で品種改良された白いカイウサギです。

豆ちしき カイウサギは、ヨーロッパにすむ野生のアナウサギを飼いならしたものです。

ウマの品種

♠体の大きさ ♣原産地 ★解説

サラブレッド ウマ科

♠体高158～165cm

♣イギリス

★競馬用につくられたウマです。ウマのなかでは、いちばん速く走ることができます。

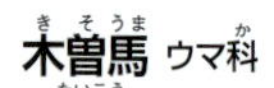

木曽馬 ウマ科

♠体高125～135cm

♣日本（長野県）

★平安時代から江戸時代に、武士が乗る馬として飼われていました。

ファラベラ ウマ科

♠体高70～78cm

♣アルゼンチン

★家ちくのウマのなかでいちばん小さな品種です。アメリカではペットとして人気があります。

ロバ ウマ科

♠体高97cm

♣アフリカ

★アフリカノロバが祖先ですが、大型のものはアジアノロバを家ちく化したものといわれています。

豆ちしき 動物園でよく見られるポニーは、体高147cm以下のウマの品種のことです。

ウシの品種

♠体の大きさ ◆体重 ♣原産地 ★解説

ホルスタイン ウシ科

♠体高140～160cm ◆550～1000kg ♣オランダ北部、ドイツ北部 ★ミルクをとるための代表的なウシです。1年間に約6300kgものミルクがとれます。

ジャージー ウシ科

♠体高120～145cm ◆350～700kg ♣イギリス（ジャージー島）★ミルクをとるためのウシです。

黒毛和種 ウシ科

♠体高130～142cm ◆450～950kg ♣日本 ★世界でいちばんおいしい肉といわれる、日本の食肉用のウシです。

オオツノウシ（アンコール） ウシ科

♠体高120～140cm ◆300～400kg ♣東アフリカ ★角の長さが、100～120cmもあります。

豆ちしき ウシは、野生のオーロックス（絶滅）を家ちく化したといわれています。

ヒツジ・ヤギ・ブタの品種

◆体重 ♣原産地 ★解説

サフォークダウン ウシ科

◆70～137kg ♣イギリス ★おもに毛をとるためのヒツジで、黒い顔が特徴です。1年間に2.7～3.2kgの羊毛がとれます。食肉用とされることもあります。

コリデール ウシ科

◆45～95kg ♣ニュージーランド ★日本でも、北海道などで多く飼われているヒツジです。毛だけではなく、食肉用にもなります。

メリノー ウシ科

◆45～120kg ♣スペイン ★オーストラリアなどで飼われている、最高級の羊毛がとれる代表的なヒツジです。

シバヤギ ウシ科

◆20～25kg ♣日本 ★現在はザーネンとの雑種がほとんどです。角はおす、めすどちらにもあります。

ザーネン ウシ科

◆50～90kg ♣スイス ★ミルクをとるためのヤギです。日本でも古くから飼われています。おすにも、めすにも角がありません。

豆ちしき ヒツジはムフロンを、ヤギはノヤギを8000～9000年前に家ちく化したものです。

ヨークシャー イノシシ科

◆200〜350kg ♣イギリス（ヨークシャー地方） ★世界中で広く飼われているブタです。ベーコン用の肉として有名です。

ランドレース イノシシ科

◆227〜318kg ♣デンマーク ★体が大きく、ベーコンをつくるのに適しているブタです。

バークシャー

イノシシ科 ◆200〜250kg ♣イギリス（バークシャー州、ウィルト州） ★発育が早く、肉質もいいので、人気があるブタです。

ミミナガヤギ ウシ科

◆約60kg ♣東南アジア ★耳がとても長いヤギです。毛や肉が利用されます。

カシミア ウシ科

◆30〜60kg ♣中央アジア ★毛をとるためのヤギです。皮や肉も利用されます。

豆ちしき ブタは8000年以上前に、イノシシを家ちく化したものです。

爬虫類・両生類

コモドオオトカゲ

爬虫類の体

体がうろこにおおわれていて、脱皮をくりかえして大きく成長します。

ヒガシニホントカゲ

目
うすいまぶたがあります。ヘビにはまぶたはありません。

尾
トカゲ類の多くは長い尾があります。

後ろあし
後ろあしの指は５本です。

前あし
前あしの指は５本です。

鼻
においはあまり感じません。

耳 あながあいているところが耳です。

●卵を土であたためる

爬虫類は、地面にくぼみやあなを掘って、そこに卵を産みます。地面の温度で卵をかえします。

多くのトカゲは、地面のくぼみで産卵します。

海でくらすようになったウミガメも、産卵は陸の上で行います。

豆ちしき 爬虫類は、ワニ、カメ、ヘビ、トカゲなどがふくまれます。

爬虫類は、かたいからにおおわれた、乾燥にたえられる卵を産みます。そのため水辺からはなれ、林や森、山、砂漠などかわいた場所で生活できます。両生類は、うすいまくにおおわれたやわらかい卵を水中や湿った土の中に産むので、水辺近くで生活しています。

オオサンショウウオ

両生類の体

乾燥に弱く、皮ふがいつもしめっています。うすい皮をぬいで脱皮して成長します。

目

食物を飲みこむときは、体内にくぼみます。

耳 こまくが直接見えます。

カエルに尾はありません。

ニホンアマガエル

鼻

においはあまり感じません。呼吸に使います。

前あし

前あしの指は4本です。

後ろあし

後ろあしの指は5本です。

尾

イモリ・サンショウウオは、すべての種類に尾があります。

アカハライモリ

●卵は水中に産む

両生類は、ふだんは水の近くの湿った場所で生活しています。繁殖期になると、おすとめすが水たまりや池などに集まって、産卵します。

ふだん陸上でくらすヒキガエルも、産卵は水中で行います。

サンショウウオは、ゼリーのようなまくにつつまれた卵を、水中に産みます。

豆ちしき 両生類は、カエル、サンショウウオ、イモリなどがふくまれます。

ワニのなかま（ワニ目）

♠体の大きさ ♣分布 ★解説

ナイルワニ クロコダイル科

♠全長6m以下 ♣アフリカ、マダガスカル
★淡水の大きな川や湖ばかりでなく、河口などの汽水域にもすみます。

ひたいは出っぱらない

口を閉じても歯が見える

両目の横に出っぱりがある

シャムワニ クロコダイル科

♠全長3～4m ♣東南アジア
★鼻先が平らで、沼などの淡水にすんでいます。性質は比較的おとなしいです。

背鱗板とよばれるうろこがならぶ

後ろあしの水かきが発達する

イリエワニ

クロコダイル科

♠全長3～7m
♣インドから東南アジアにかけて
★汽水域を好んで生活し、ときには海にまで出ます。

口先は太く短くなる

体の色は黒っぽい

ニシアフリカコビトワニ

クロコダイル科

♠全長約1.5m ♣アフリカ西部・中部
★おもに淡水域にすんでいますが、陸生傾向も強く、近くに水辺がないところにもあらわれます。

豆ちしき イリエワニは、日本の奄美大島や八丈島に流れ着いた記録があります。

アメリカアリゲーター（ミシシッピワニ） アリゲーター科

♠全長最大6m ♣アメリカ合衆国南東部

★おもに淡水域に分布し、寒くなる地方では冬眠します。

メガネカイマン（チュウベイメガネカイマン） アリゲーター科

♠全長2m以下 ♣中央・南アメリカ

★両目の間に、めがねのようなうねがあります。性質は荒いのですが小型のため、人をおそうことはありません。

インドガビアル ガビアル科

♠全長4m ♣インド北部

★ワニでは最も鼻先が細長く、水中で魚をつかまえるのに適しています。おすではその先端にこぶが発達します。

マレーガビアル（ガビアルモドキ） クロコダイル科

♠全長3〜5m ♣東南アジア

★川や沼など淡水域にすんでいます。細長く、つるっとした口先をしています。

豆ちしき ワニの祖先は、今から2億5100万年前の三畳紀に出現しました。

カメのなかま（カメ目）

♠体の大きさ ♣分布 ★解説

アオウミガメ ウミガメ科

♠甲長80～100cm ♣太平洋西部、大西洋、インド洋の熱帯から温帯海域
★沿岸域の浅い海域で多く見られます。日本で産卵が見られるのは屋久島以南です。

アカウミガメ ウミガメ科

♠甲長70～100cm ♣太平洋、大西洋、インド洋の熱帯から温帯海域
★子ガメは太平洋を泳いで、アメリカ合衆国西部の海域で成長し、その後産卵のために日本沿岸にもどってきます。

とがった口先

甲羅の後ろがのこぎり状にギザギザになる

タイマイ ウミガメ科

♠甲長50～110cm ♣世界の熱帯から亜熱帯の海域に広く分布
★比較的小型な頭で、くちばしがとがっています。べっこう細工の原料として乱獲されてしまい、数がへってしまいました。

マタマタ ヘビクビガメ科

♠甲長30～45cm ♣南アメリカ
★止水や流れの弱いところにすんでいて、とがった鼻先を水面に出して呼吸をします。じっと動かずにいて、近づいた魚を水と一緒に吸いこんで食べます。

カミツキガメ カミツキガメ科

♠甲長49.4cm ♣世界の熱帯から亜熱帯の海域に広く分布
★大きな水生のカメで、内陸の湖、沼から海岸近くまで生息します。

豆ちしき カミツキガメは、日本では飼われていたものが野生化して問題になっています。

ガラパゴスゾウガメ リクガメ科

♠甲長90cm 最大135cm ♣ガラパゴス諸島 ★それぞれの島ごとに形態が変わっていて、おもに鞍型、ドーム型、中間型の3種類に分かれます。

甲羅はなめらか

鼻のあながたて長

アルダブラゾウガメ リクガメ科

♠甲長120cm ♣アルダブラ諸島(セイシェル領) ★かつては航海者の食料として乱獲されていました。アルダブラ諸島では野生個体が生き残っていたものをモーリシャス島などに人為的に持ちこみ、定着しています。

ミシシッピアカミミガメ ヌマガメ科

♠甲長20cm、最大28cm ♣アメリカ合衆国(世界中に移入) ★子ガメは「ミドリガメ」とよばれます。飼われていたものが捨てられたり、にげたりして、問題になっています。

顔にもようはない

ニホンイシガメ(イシガメ) イシガメ科

♠甲長11〜21cm ♣本州、四国、九州 ★川の上流や山の池、沼などの淡水域にすみ、水田にも見られます。

クサガメ

イシガメ科

♠甲長20〜30cm ♣本州、四国、九州、中国、朝鮮半島、台湾

★くさいにおいを出すことが名前の由来です。雑食性で、おもに平地の河川や池、沼、水田などにすんでいます。

ニホンスッポン スッポン科

♠甲長15〜35cm

♣本州、四国、九州、アジア東部

★さまざまな河川や湖、沼にすんでいます。

豆ちしき 日本のクサガメは、韓国や中国から持ちこまれたものだと考えられています。

トカゲのなかま（有鱗目）

♠体の大きさ ♣分布 ★解説

グリーンイグアナ イグアナ科

♠全長100～180cm ♣中央アメリカから南アメリカ中部、石垣島に移入
★水辺や森林に多く、樹上生です。子どものうちは昆虫などをよく食べます。

首から背中にかけてたてがみ状のうろこがある

長い尾

おす、めすともに、えりまき状のひふのひだがある

長い尾

エリマキトカゲ アガマ科

♠全長70～90cm
♣オーストラリア北部、ニューギニア
★首のまわりにえりまき状の皮ふのひだがあり、口を開けて敵をいかくするときに広がります。樹上生ですが、地上でも活動し、にげるときには後ろあしだけで立ち上がって走ります。

オキナワキノボリトカゲ

アガマ科

♠全長18～20cm ♣奄美群島、沖縄諸島
★おすは縄張りを作り、侵入者をいかくします。体色は鮮やかな緑色で、状況によってかっ色に変化します。

口先はとがる

グリーンアノール アノールトカゲ科

♠全長13～20cm ♣北アメリカ南東部、小笠原諸島の父島、母島と沖縄本島南部に帰化 ★体色は緑色から茶色まで変化します。おすは赤いひふのひだを広げて縄張りを主張します。樹上生で指下板をもちますが、地上でも活動します。

おすののどには、ひふのひだがある

豆ちしき グリーンアノールは、小笠原諸島と沖縄本島で野生化し、問題になっています。

パンサーカメレオン

カメレオン科

♠全長37〜52cm ♣マダガスカル北部、モーリシャス、レユニオン

★体色の変異が大きいカメレオンです。原生林よりも多少開発された林に生息します。

メラーカメレオン

カメレオン科

♠全長30〜55cm ♣タンザニア、マラウイ、ケニア

★アフリカの大陸部に生息するカメレオンの中では最大です。サバンナの比較的大きな木に生息しています。

ジャクソンカメレオン

カメレオン科

♠全長25〜35cm ♣ケニア、タンザニア

★鼻先の3本の角はおすにだけあり、めすでは個体によって1本の短い角を持ちます。高地の林で樹上生活をしています。

ミニマヒメカメレオン

カメレオン科

♠全長2.6〜3.4cm ♣マダガスカル北部

★地上生で、森林の落ち葉の間でくらしています。おどかされると、あしをたたんで横に転がり、枯れ葉のようになります。

豆ちしき カメレオンは、興奮したり、体温が上がるときによく体の色を変化させます。

コモドオオトカゲ オオトカゲ科

♠全長200〜300cm ♣インドネシア(小スンダ列島の一部)

★トカゲのなかまでは最大です。比較的乾燥した環境に生息し、海に入ることもあります。幼時は樹上、成長すると地上で生活します。

体の表面は
ザラザラ

ヒガシニホントカゲ トカゲ科

♠全長20〜25cm ♣北海道、本州東部、ロシア東岸

★2012年に新種として分けられました。すがたも生態も西日本に分布するニホントカゲとよく似ています。

ニホンカナヘビ（カナヘビ） カナヘビ科

♠全長17〜25cm ♣北海道、本州、四国、九州と周辺の島々

★庭先から、林内の開けたやぶまで、さまざまな場所にすんでいます。繁殖期にはおすがめすの胴体をくわえているのが見られます。

クロイワトカゲモドキ トカゲモドキ科

♠全長14〜19cm ♣沖縄諸島

★地上生で、尾は切れやすいです。夜行性で、多孔質の石灰岩が多い森林を好みます。沖縄県の天然記念物です。

ニホンヤモリ ヤモリ科

♠全長10〜14cm ♣本州、四国、九州、対馬。国外では中国東部と朝鮮半島南部

★民家の近くでよく見られます。夜行性で、街灯など明かりに集まる虫を食べます。

豆ちしき コモドオオトカゲは、血がかたまらない毒を注入してえものを失血死させます。

アミメニシキヘビ
ニシキヘビ科

♠全長500〜700cm、最大1000cm

♣東南アジア

★アジア最大のヘビです。熱帯林を中心に人家や耕作地の周辺で、特に水辺に多くいます。

ミドリニシキヘビ (グリーンパイソン) ニシキヘビ科

♠全長140〜180cm

♣オーストラリア北部、ニューギニア

★熱帯林にすんでいます。樹上生ですが、夜間地表で活動します。

子ヘビは黄色や赤い体色

ボアコンストリクター ボア科

♠全長200〜300cm、最大550cm

♣中央・南アメリカ

★大型ですがおとなしく、ペットとしても飼われます。幅広い環境に生息し、おもに夜間、地上で活動します。

オオアナコンダ(アナコンダ) ボア科

♠全長500〜600cm、最大1000cm ♣南アメリカ北部

★南アメリカ最大のヘビです。熱帯林の水辺に生息しています。夜行性で、水を飲みに来る哺乳類をおそいます。

豆ちしき オオアナコンダは、水中生活に適応していて、目や鼻が上向きになっています。

アオダイショウ ナミヘビ科

♠全長110～200cm ♣北海道、本州、四国、九州
★日本本土では最大のヘビで、はば広い環境にすんでいます。木のぼりがうまく、樹上の鳥の巣をおそったり、民家にも入ってきます。

シマヘビ ナミヘビ科

♠全長80～150cm
♣北海道、本州、四国、九州
★水田から山地森林まですんでいます。伊豆諸島の祇苗島では全長200cmに大型化しています。ときどき黒いからだのシマヘビが現れ、カラスヘビとよばれます。

ヤマカガシ ナミヘビ科

♠全長70～150cm ♣本州、四国、九州
★平野部にくらべ、山地の方が大きくなります。毒があり、かまれると危険です。

ヒバカリ ナミヘビ科

♠全長40～60cm ♣本州、四国、九州
★水辺を中心に、森林や耕作地、住宅地などに生息します。おとなしいヘビですが、いかく行動を行うことがあります。

豆ちしき ヘビのもようは、すんでいる場所によって、もようの形や色に変化があります。

ハブ（ホンハブ）

クサリヘビ科

♠全長100～200cm ♣奄美諸島、沖縄諸島 ★森林から家のまわりに生息し、家に入ることもあります。夜行性で、樹上でも地上でも見られます。毒があります。

ニホンマムシ（マムシ） クサリヘビ科

♠全長40～65cm ♣北海道、本州、四国、九州 ★森林やその周辺の田畑に多く、夜行性ですが、夏には妊娠しためすが日に当たりによく出てきます。毒があります。

キングコブラ コブラ科

♠全長300～550cm ♣インドから中国南部、東南アジア ★毒ヘビでは最大です。森林とその付近にすみ、昼も夜も活動します。産卵するときには巣を作ります。

エラブウミヘビ

コブラ科

♠全長70～150cm ♣南西諸島からインドネシアまで ★ふだん海岸の岩のすき間にかくれており、かくれ場の岩のすきまに、卵を産みます。

豆ちしき キングコブラは、一度に注入する毒の量が多いので、ゾウも倒すといわれています。

カエルのなかま(無尾目)

♠体の大きさ ♣分布 ★解説

トノサマガエル アカガエル科

♠体長38～94mm
♣中国東部からロシア極東部、日本(本州、四国、九州)
★おすとめすで体色にちがいがあります。水田や小川にすみ、4～6月頃水田などの浅い水場で繁殖します。

ナゴヤダルマガエル

アカガエル科
♠体長35～73mm
♣日本(中部·東海地方から山陽地方東部、香川県)
★トノサマガエルに似ていますが、後ろあしが短く、鳴き声もちがいます。水田やため池などにすんでいます。

ニホンアカガエル(アカガエル)

アカガエル科
♠体長34～67mm
♣日本(本州、四国、九州)
★平地や丘の草むらや水田、林などにすみ、日中も活動します。早春に水田や河原の水たまりなどに集まって産卵します。

ウシガエル アカガエル科

♠体長120～150mm ♣原産地は北アメリカ東部、日本など世界各地に帰化
★池や沼、河のよどみなど水生植物の多い場所に生息します。口に入れば何でも食べます。6～7月に池などの水面に6千～2万個もの卵を産みます。

豆ちしき ウシガエルは、特定外来種に指定され、飼育が禁止されています。

オキナワイシカワガエル

アカガエル科

♠体長88～117mm ♣日本(沖縄本島北部)

★山地の森林やけい流沿いにすみ、1～5月頃が繁殖期です。けい流の岩のすきまや横あななどに産卵します。沖縄県の天然記念物です。

体のもようがないものもいる

モリアオガエル アオガエル科

♠体長42～82mm ♣日本(本州、佐渡島)★山間地の森林にすみ、樹上でくらします。4～7月に水面に突き出た木の枝や水辺の草むらなどに、黄白色のあわ状の卵を産みます。

シュレーゲルアオガエル アオガエル科

♠体長35～60mm ♣日本(本州、四国、九州・五島列島)★平野から山地にすみ、水田の周辺などに多く見られます。3月～6月に沼や水田で水際の土を後ろあしで掘って巣あなをつくり、あわ状の卵を産みます。

ニホンアマガエル アマガエル科

♠体長30～40mm ♣ロシア東部・中国北部から朝鮮半島、日本

★乾燥にも強く、都会の街中にもすんでいます。4月～7月に水田や湿地などの浅い水場に産卵します。

ニホンヒキガエル(ヒキガエル、ガマガエル)

ヒキガエル科

♠体長80～176mm

♣日本(近畿以西、四国、九州など)

★海岸から高山まで広く分布します。地域により繁殖期が10月から翌年の5月までばらつきがあります。

豆ちしき ヤマカガシは、ヒキガエルを食べることで、その毒を体内にためています。

サンショウウオのなかま（有尾目）

♠体の大きさ ♣分布 ★解説

オオサンショウウオ オオサンショウウオ科

♠全長50～80cm、最大で150cm（飼育下）
♣日本（岐阜県以西の本州及び大分県、四国の一部）
★山地の川にすんでいて、岩あななどをすみ家としています。繁殖期は8月下旬から9月頃で、産卵用の巣あなに、つながった300～600この卵を産み、おすがふ化するまで守ります。国の特別天然記念物です。

チュウゴクオオサンショウウオ
オオサンショウウオ科

♠全長30～150cm ♣中国
★最大の両生類です。山地のけい流にすんでいますが、大きな川の下流で見つかることもあります。中国の安徽省では3月下旬から4月上旬より活動を始めます。

トウキョウサンショウウオ サンショウウオ科

♠全長8～13cm ♣日本（福島県から関東地方にかけて）
★丘や低い山の森林にすんでいます。夜行性で、2～4月に繁殖することが多く、わき水の出る場所やその近くの水田、水たまりなどに産卵します。

前あし、後ろあしとも短い

豆ちしき　チュウゴクオオサンショウウオは、日本で野生化し、問題になっています。

エゾサンショウウオ　サンショウウオ科

♠全長11～20cm ♣日本（北海道）
★平地や山地にすんでいます。沼や池、湿地などの水たまりに産卵します。繁殖期は雪解け後で4～5月です。

ホクリクサンショウウオ
サンショウウオ科

♠全長10～12cm ♣日本（石川県、富山県）★日本海側の低地で発見されている小型種で、湿地のような水たまりに産卵します。雪解けの1～4月頃が繁殖期で、アシなどにコイル状の卵のうを産みつけます。

ハコネサンショウウオ
サンショウウオ科

♠全長13～19cm ♣日本（本州、四国）★標高500m以上の山地の森林に多く、木の少ない高山帯にも見られます。冬ごもりも夏眠もするので、年間の活動期間は短いです。

腹側は赤いまだらもようがある

体の表面はザラザラ

アカハライモリ（イモリ）
イモリ科

♠全長7～14cm
♣日本（本州、四国、九州、及びその離島）★水田や小川、池、沼、けい流付近の水たまりなどにすんでいます。4～7月頃水草などに一粒ずつ卵を産みつけます。おすは繁殖期に尾が青紫色になり、めすの前でこれをS字形に曲げて細かくふるわせ、求愛行動をとります。

おとなになってもえらが残る

メキシコサンショウウオ（アホロートル）
トラフサンショウウオ科

♠全長20～28cm
♣メキシコ（ソチミルコ湖と周辺の運河）★幼生の形のままおとなになる幼形成熟をします。かつてはチャルコ湖にも生息していましたが、そこでは絶滅しました。

豆ちしき　ハコネサンショウウオは、成長すると肺がなくなります。

野生動物ウォッチング

私たちが住む街のまわりには里山があり、野山が広がっていて野生動物がすんでいます。といっても、めったに動物に出会うことはありません。それは日本にいる動物の多くが夜行性だということもありますが、数が少ない上に人間をけいかいしているからでしょう。でも、動物たちが残すこんせき、ふんなどは見つけることができます。なれてくると動物たちが食べたあとなども見つけられるようになります。雪がふれば動物たちのあしあとを見つけることもできます。野山には想像以上にたくさんの動物が歩き回っています。さあ、ウォッチングに出かけましょう。

豆ちしき　日本には110～130種の哺乳動物が生息しているといわれています。

ウォッチングのようす

ニホンカモシカ

ニホンリス

テン

準備するもの

- **ノート**　ぬれてもやぶれにくい上質な紙のものがよい。
- **筆記用具**　B～2Bの鉛筆（ぬれても消えにくい）、油性マジック、ボールペン。
- **地図**　自然公園の事務所などに用意してある案内図など。
- **カメラ**　スマートフォンなどでもよい。
- **双眼鏡**　鳥の観察にも使える。
- **ルーペ**　動物の残したものの観察に必要。
- **ピンセット**　汚れたものなどの観察に
- **ポリ袋（口がとじられる大きな容量のもの）**　採取に使う。
- **軍手、ポリ製手ぶくろ**　よごれやけがを防ぐのに役立ちます。
- **かばん（出し入れが便利なショルダーバッグの小型のもの）**　服やくつ、ぼうし、雨具などは季節や状況に合わせて。

豆ちしき　ウォッチングは、かならずくわしい人といっしょに出かけましょう。

あしあとウォッチング

動物たちが雪の上などに残したあしあとから、動物の種類や行動などがわかります。

人間は、直立して立ち止まったとき、つま先からかかとまでのあしのうら全体をベタッとつけています。あしのうら全体で体重をささえるあしのつけ方は「蹠行性」とよばれます。しかしスピードを上げて走ると、つま先立って走ります。このつま先立ったあしのつけ方をいつもしているのを「指行性」とよびます。

指行性の動物は、指の腹であるやわらかな指球と、指の付け根の指間球あるいは掌球とよばれる部分に体重がかかっています。おもにイヌやネコのなかまに見られます。イヌやネコのあしは妙に小さ

イヌ（指行性） つめあとがあります。

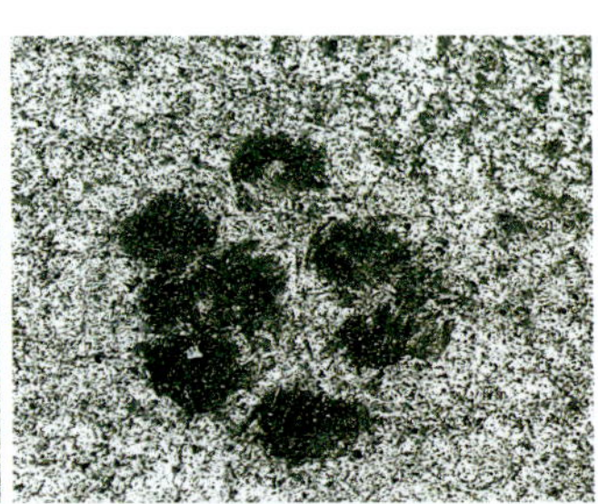

ネコ（指行性） つめあとはありません。

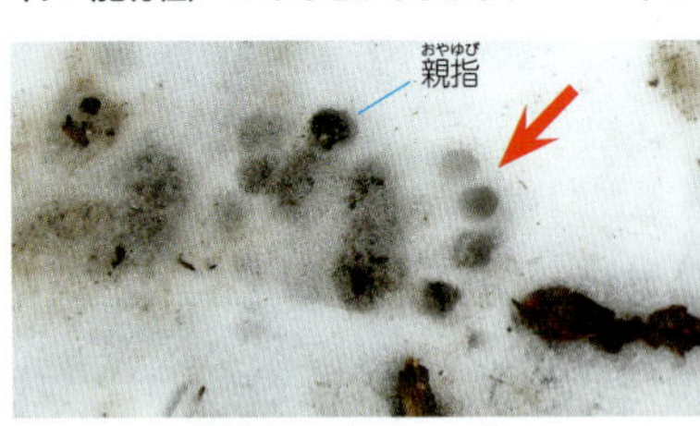

ニホンザル（蹠行性） 指のあとが見えます。

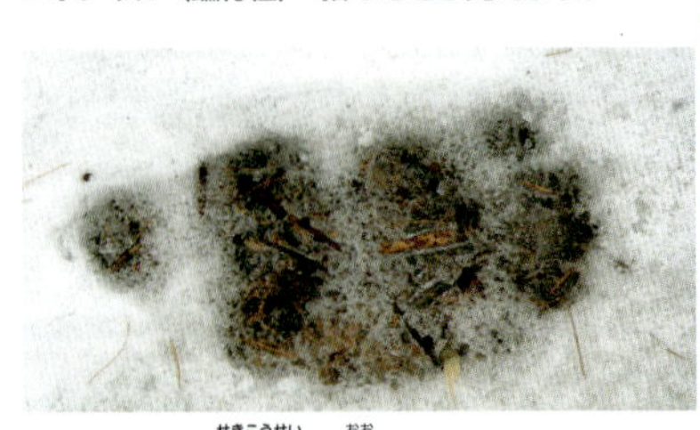

ツキノワグマ（蹠行性） 大きなあしあとです。

ノウサギ（蹠行性）

豆ちしき　どんな動物のあしあとかは、形、大きさ、場所ではんだんします。

いと思うでしょうが、つま先で立っているから小さいのです。指行性の動物は、走ることに適応しています。

また、バレリーナのように体重のすべてが指先にかかっている動物がいます。ジャンプ力があるものが多い「蹄行性」の動物です。この動物たちは、指先を保護するためにひづめが発達しています。体重が中指1本だけにかかるウマや、中指と薬指の2本にかかるシカ・ウシなどで、草原や平原などでよく見られます。

雪の上や雨がふった次の日の土の上にはあしあとが残りやすいので、どんなあしあとかさがしてみましょう。

ニホンジカ（蹄行性） ひづめがふたつあります。

ニホンリス（蹠行性） ピョンピョンと跳びはねてきて、方向を変えています。

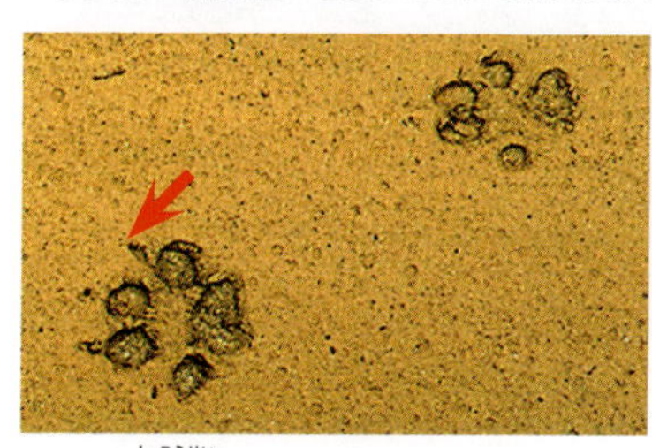

タヌキ（指行性） つめあとがあります。

アカネズミ（蹠行性） 小さなあしあとです。

豆ちしき タヌキとイヌは近いなかまなので、あしあともにています。

ふんウォッチング

ふんは、それをした動物がそこにいたという証拠です。ふんを見つけた場所を記録していけば、その動物の行動はんいがわかります。また、ふんを分析すれば、その落とし主が何を食べたのかが分かります。キツネやタヌキ、テンなどはふつうノネズミや鳥などを食べていますが、秋になるとコケモモやオオカメノキ、カキなどの実を食べるものがいます。ふんから、その動物の食べ物の季節的な変化も知ることができるというわけです。

イタチ

キツネ

タヌキ

ツキノワグマ

テン

ニホンザル

ノウサギ

ナキウサギ

豆ちしき ふんには食べた木の実や動物の毛などがまじっていることがあります。

岩の上にあった、ふんを調査

ニホンカモシカのふん（左）とシカのふん（右）

ニホンカモシカもシカもポロポロした黒豆のようなふんをします。カモシカは一か所に200つぶくらいも山盛りにしています。古いふんの山の上に新しいのを重ねることもあります。シカは歩きながらふんをまき散らしますから、ちがいは一目でわかります。

ネコのふんと「ねこばば」

「ばば」とは、ふんのこと。ネコがふんをしたあと土をかけてかくすことから、お金をぬすむなど、悪いことをして知らんぷりすることを「ねこばば」するといいます。

豆ちしき　ネコがふんに土をかけるのは、においをかくすためといわれています。

食べあと、つめあとウォッチング

食べあとから、どんな種類の動物が食べたのかを判定するのはむずかしいものがあります。地表からの高さ、その地域に多い動物、地面に残されたあしあとなどからだいたいの種類を判定するしかありません。地面から40cmくらいのところに彫刻刀でけずったような歯型が残っていればノウサギ、やや高いところ（地面から80cm前後）ならシカなどが考えられます。

食べあと

カモシカ

ムササビ

ニホンリス

ノウサギ

ぬた場

どろあびをする場所です。イノシシは1年を通してどろあびをします。

モグラ塚

モグラがトンネルを掘って土を出したところです。

豆ちしき　シカも繁殖期（秋から冬）によくぬた場に座りこんだりします。

センサーカメラがとらえたテン（上）とニホンジカ（右）

つめあと

ツキノワグマが木のぼりしたときにできます。たいてい4本くらいのあとがならんで残っています。巻いた樹皮が残っていれば木からおりたとき、ひっかき傷だけなら上ったときのつめあとです。大きく樹皮がはがれているのは「クマはぎ」とよばれ、クマが樹皮のヤニをなめたあとです。

角とぎあと

ニホンジカは、春からのびてきた袋角が完成したころによく角とぎを行います。袋角の皮ふがやぶれて中から骨質の角が現れます。その角の先端で木の幹を突くのです。樹皮がむけて中が見えます。ニホンカモシカも、角で木の幹をひっかきます。

豆ちしき　マツの木の根元には、イノシシのきばかけあとが見られることもあります。

ウォッチングの結果を記録

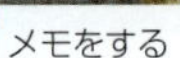

メモをする

写真にとる

採集する

「フィールドノート」を作る

野山で活動・調査したときの日記のようなもので、大きさは大きなポケットに入るくらいのサイズがよいでしょう。書き方は自由で、動物の痕跡の形、発見場所など、できるだけくわしく書いておきます。ノートは毎回右側ページの上から始めます。余白部分はスケッチを描いたり写真や採集標本（動物の毛など）などをはったりします。

活動年月日、天候などをまず始めに書きます。次にその日の行動予定や服装 、装備品などかんたんに書いておきます。あとは、見つけたもの、感じたことなどを自由にどんどん書いていきましょう。

調査器具のセッティングなどスケッチしておくと次回の役に立つ。

毎回右ページの上、ここから書き始める。

年月日　天気

動物の毛などが見つかったら、ノートにはっておく。

見つけたもの、思いついたことなど、自由にどんどん書いていく。

時刻

調査した区域の写真などもはっておく。

動物の痕跡などを見つけたらスケッチし、大きさなども書いておく。

豆ちしき　フィールドノートは、「野帳」ともいいます。

さくいん INDEX

※この本に出ている動物の名前が、アイウエオ順にならんでいます。種の解説があるページは、太字で表しています。

この本を動物園や水族館などにもっていき、実際に見た動物を、さくいんの前の□にチェックしていこう。テレビや、ほかの本などで見た場合でもOK。あなただけのさくいんができるよ。

ア

イ

ウ

エ

オ

カ

シ

ス

セ

ソ

ヌ

ネ

ノ

ハ

ヒ

フ

ヘ

ホ

マ

ミ